U0272296

临安珍稀野生动物图鉴

RARE WILD ANIMALS OF LIN'AN

徐卫南　王义平 ◎ 主编

中国农业科学技术出版社

图书在版编目（CIP）数据

临安珍稀野生动物图鉴 / 徐卫南，王义平主编 . —北京：
中国农业科学技术出版社，2018.10
ISBN 978-7-5116-3792-5

Ⅰ . ①临… Ⅱ . ①徐… ②王… Ⅲ . ①珍稀动物—野
生动物—临安—图谱 Ⅳ . ① Q958.525.53-64

中国版本图书馆 CIP 数据核字（2018）第 160117 号

责任编辑　徐　毅
责任校对　李向荣

出 版 者　中国农业科学技术出版社
　　　　　北京市中关村南大街 12 号　邮编：100081
电　　话　（010）82106631（编辑室）（010）82109702（发行部）
　　　　　（010）82109702（读者服务部）
传　　真　（010）82106631
网　　址　http://www.castp.cn
经 销 者　各地新华书店
印 刷 者　固安县京平诚乾印刷有限公司
开　　本　710mm×1 000mm　1/16
印　　张　22.75
字　　数　350 千字
版　　次　2018 年 10 月第 1 版　2018 年 10 月第 1 次印刷
定　　价　240.00 元

珍稀野生动物是珍贵的、不可替代和不可再生的自然资源，是自然赋予人类的瑰宝，它们在维护生态平衡、促进经济发展、满足人民日益增长的物质和文化需求等方面发挥着重要作用。加强珍稀野生动物的保护与管理，是历史交给后人的一项重要工作，是社会文明进步与发展的重要标志。

临安地处浙江西北部，是太湖和钱塘江水系的源头之一，是长江三角洲的一颗绿色明珠。临安区总面积 3 126.8km²，是浙江省陆地面积最大的区县之一，其中，林业用地面积 2 604km²，森林覆盖率 78.2%。境内气候温和，雨量充沛，土壤肥沃，分布有 5 000 余种动物，拥有天目山、清凉峰 2 个国家级自然保护区和 1 个青山湖国家级森林公园，素有"浙西林海""江南养生殿"之美誉。

《临安珍稀野生动物图鉴》遵循"科学、通俗、实用"的原则，既按动物进化的排序方式，简明阐述了分布于临安区的珍稀野生动物，又用精美的彩色图片直观反映其形态特征，使人容易识别。该书是一部集专业性、实用性、观赏性和科普性于一体的优秀专著，非常适合大数据时代的快餐式阅读和欣赏。

相信本书的出版，必将成为临安野生动物资源保护、驯养、普法、教学、科研等工作必不可少的参考书，同时，对浙江省乃至全国的野生动物资源的科学管理具有重要的参考价值。也希望这本书能成为广大动物爱好者进一步了解、认识、热爱、保护野生动物的良伴和益友。

浙江省林业厅巡视员

中国林业科学研究院博士生导师

2018 年 6 月 16 日　于杭州

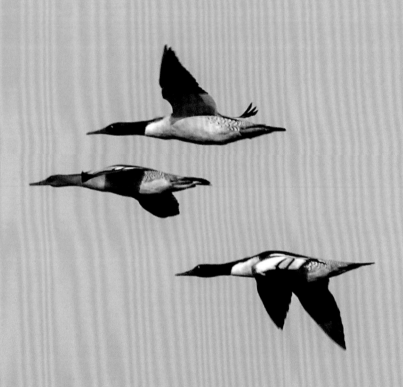

临安位于浙江省西北部的杭州市境内，东邻余杭区，西接安徽省歙县，南连富阳区、桐庐县、淳安县，北靠安吉县及安徽省宁国市、绩溪县。距离杭州市中心 53km。区内有青山湖国家森林公园、天目山世界生物圈保护区和清凉峰国家级自然保护区，银杏、柳杉、金钱松堪称天目山古老森林之"三绝"，华南梅花鹿是清凉峰珍稀野生动物的代表。临安区森林覆盖率 78.2%，自然资源丰富，已知生物资源 7 000 余种，是全球著名的物种基因宝库、全球生物多样性研究的热点地区之一。特别是近年来，临安区启动天然林保护和退耕还林工程，实施植树造林、五水共治等一系列措施，使区域生态环境得到进一步改善，尤其是天目溪、昌化溪、苕溪和青山湖等湿地生态环境进一步优化，珍稀野生动物种类不断增多，种群数量明显增加，其分布范围也在不断扩大。

2015 年以来，由临安区林业局牵头，组织浙江农林大学、天目山保护区、清凉峰保护区等相关专家、学者对全区珍稀濒危野生动物资源开展全面普查，并对相关历史记载进行翔实考证，明确了临安境内珍稀野生动物的种类及分布情况，为临安珍稀野生动物管理、保护和利用、科普及教学与研究等奠定了基础。

本书收录的珍稀野生动物指在临安境内自然分布的国家重点保护野生动物、浙江省重点保护野生动物和列入《濒危野生动植物种国际贸易公约》附录Ⅰ、附录Ⅱ、附录Ⅲ的物种。经调查共记录珍稀野生动物 52 科 162 种，其中，国家Ⅰ级重点保护野生动物 8 种，国家Ⅱ级重点保护野生动物 64 种，浙江省重点保护野生动物 90 种。

全书分总论和各论两部分。总论部分主要包括：临安自然地理概况、临安珍稀野生动物区系组成与特征、临安珍稀野生动物保护现状与对策。各论部分昆虫参照郑乐怡、归鸿主编《昆虫分类（1999）》、两栖和爬行类参照蒋志刚等《中国脊椎动物红色名录（2015）》、鸟类参照郑光美主编《中国鸟类分类与分布名录（第三版，2017）》、兽类参照蒋志刚等《中国哺乳动物多样性（第二版，2017）》。对分布于临安区的 162 种珍稀野生动物进行系统描述，每种均包含中文名称、学名、分类名、别名、保护级别、形态特征、分布范围、保护价值以及彩色生态图片。

通过本书的编著，不仅阐明了临安区珍稀野生动物多样性，更为本区珍稀野生动物的科学管理、合理利用与科普宣传等起到重要的作用。

本书是项目组全体成员辛勤工作的结果，更与浙江省林业厅和临安区相关部门的大力支持，尤其是临安区林业局领导的高度重视和大力支持密不可分。本书从调查到编写和出版，一直得到了浙江自然博物馆副馆长陈水华研究员的关心和指导，在此一并致谢。

由于调研与编撰时间相对较短，且编者水平有限，书中难免有不足之处。期望同行专家和读者不吝批评指教！

编　者
2018 年 6 月

CONTENTS **目 录**

——————— **总 论** ———————

各 论

总　论

第一章 | 临安自然地理概况

一、地理位置

临安位于东经 118° 51′~119° 52′，北纬 29° 56′~30° 23′，是杭州市辖区，地处中国东部，浙江省西北部；东邻余杭区，南接富阳区、桐庐县和淳安县，西连安徽省歙县，北靠安吉县、绩溪县和宁国市。全区辖 5 个街道13 个镇，总人口 52.6 万人。

二、地形地貌

临安区域面积约 3 126.8km²，东西宽约 100km，南北长约 50km。境内地势自西北向东南倾斜，北、西、南三面环山，形成一个东南向的马蹄形屏障。西北多崇山峻岭，深沟幽谷；东南为丘陵宽谷，地势平坦。全境地貌以中低山丘陵为主。西北、西南部山区平均海拔在 1 000m 以上，最高峰位于西部的清凉峰，海拔 1 787m；东部河谷平原海拔在 50m 以下，最低处位于东部的青山湖街道洞霄宫村，海拔仅 9m。东西海拔相差 1 778m，为浙江省仅见。

境内低山丘陵与河谷盆地相间排列，交错分布，大致可分为 4 种地貌形态。

（1）中山：分散分布在昌北西部、昌化西南部及太湖源镇的临目北缘，海拔高度 1 000m 以上，相对高差大于 400m，山体坡度大多为 35° 以上，面积约 169km²，占 5.4%。

（2）低山：主要分布在西部、北部及中山边缘地带，海拔 500~1 000m，相对高差在 100m 以上，坡度一般 25°~35°，面积约 838km²，占 26.8%。

（3）丘陵：丘陵广布全区，无明显脉络和走向，海拔 100~500m，相对高度在 100m 以下，面积约 1 795km²，占 57.4%。

（4）河谷平原：分布在东部临安城区一带及昌化、於潜周围，海拔高度 100m 以下，面积约 325km²，占 10.4%。

三、气候

临安地处浙江省西北部、中亚热带季风气候区南缘，横跨亚热带和温带 2 个气候带。气候温暖湿润，光照充足，雨量充沛，四季分明；冬春季多雨，气候往往冷湿，但盛夏却极度炎热，为全国酷热中心之一。全区多年平均日照时数 1 920h，日照率 44%，年太阳辐射量在 86~110kcal/cm²。年平均气温 16℃，月平均气温 1 月最低，为 2.0℃；7 月最高为 28.5℃。极端最高气温 42.1℃（1995 年 7 月 20 日），极端最低温度 −13.4℃（1991 年 12 月 29 日）。年均降水量 1 613.9mm，降水日 158d。无霜期年平均为 237d，受台风、寒潮和冰雹等灾害性天气影响；初霜期在 11 月中下旬，终霜期在 3 月中旬左右。受地貌的影响，立体气候特征明显，从河谷至中山，年平均气温由 16℃降至 9℃，年温差 7℃。

灾害性气候主要有：春播期低温阴雨、倒春寒和晚霜冻；初夏梅汛期暴雨洪涝；盛夏干旱、台风和暴雨；春、夏、秋三季局部地区的强雷雨、大风和冰雹；秋季低温冷害；冬季寒潮、冰冻和大雪等。

四、水文

临安境内有南苕溪、中苕溪、天目溪和昌化溪等 4 条主要溪流，分属长江和钱塘江 2 大水系。其中，南苕溪和中苕溪向东出境，合于余杭，注入太湖，属长江水系；天目溪和昌化溪合于潜川，向南出境，汇入分水江，属钱塘江水系。主要溪流均发源于海拔 1 000m 以上山脉，上游段多峡谷，坡陡谷深流急，中下游段处低山丘陵，地势较平坦，多河谷平原。

南苕溪：位于区境东部，发源于太湖源镇马尖岗，主峰海拔 1 271.4m，全长 63km，流域面积 720km²，流经青山湖街道出境。境内段长 55km，流域面积 620.8km²，天然落差 305m，比降 12.3‰。平均流量 4.82m³/s。

中苕溪：位于区境东北部，发源于高虹镇石门与安吉县交界的青草湾岗，主峰海拔 1 271.4m，流经青山湖街道出境。境内段长 31.5km，流域面积 185.6km²，天然落差 680m，比降 17.9‰。平均流量 1.49m³/s。

天目溪：纵贯区境中部，发源于西天目山北与安吉县交界的桐坑岗，主峰海拔 1 506m，于潜川汇昌化溪入分水江出境。境内全长 58km，流域面积 788.3km²，天然落差 1 010m，比降 21.8‰。平均流量 11.48m³/s。

昌化溪：位于区境北部，发源于安徽省绩溪县笔架山，主峰海拔 1 385m，于新桥乡西舍坞入境，于潜川纳天目溪入分水江出境。全长 106.9km，流域面积 1 440.2km²；其中，境内长 93km，流域面积 1 376.7km²，天然落差 920m，比降 8.6‰。平均流量 23.42m³/s。

五、自然植被

临安山清水秀、风光迷人，林业用地面积 2 604km²，森林覆盖率达 78.2%，活立木蓄积量达 1.33×10^7m³。临安植被在全国植被区划中属亚热带常绿阔叶林东部亚区，植被类型和植物区系复杂，大致可分针叶林植被、阔叶林植被、灌丛植被、草丛植被、沼泽及水生植被、园林植被 6 个类型。

海拔 250m 以下低丘坡地以人工植被为主，主要分布有茶、桑、果、竹、杉木、马尾松等树种组成的经济林或纯林和混交林；海拔 250~800m 的低山丘陵地为天然次生植被或人工植被，主要分布有青冈、苦槠、木荷、麻栎、润楠类、栲类、杉木、马尾松、毛竹等树种组成的常绿阔叶林、针叶林、针阔混交林；海拔 800~1 200m 的低山为天然次生植被，主要分布有黄山松、柳杉、槭属、椴属、桦木属和茅栗等树种组成的纯林或混交林；海拔 1 200m 以上为山顶矮林灌木丛和山地草甸。

六、动物资源

临安动物资源主要集中分布在 2 个国家级自然保护区和青山湖国家级森林公园范围。

天目山国家级自然保护区 4 284hm² 范围内，孕育了种类繁多的动物资源，已知各类动物 68 目 506 科 5 024 种。其中，以"天目"命名的动物 135 种；采自天目山的动物模式标本 753 种；列入国家重点保护野生动物 51 种，其中，属国家Ⅰ级保护的动物有云豹、金钱豹、华南梅花鹿、黑麂、白颈长尾雉等 5 种，国家Ⅱ级保护的动物有猕猴、穿山甲、豺、黄喉貂、水獭、大灵猫、小灵猫、金猫、中华鬣羚、鸳鸯、黑鸢、普通鵟、凤头蜂鹰、白腹隼雕、蛇雕、林雕、凤头鹰、灰脸鵟鹰、赤腹鹰、苍鹰、雀鹰、松雀鹰、白腹鹞、黑冠鹃隼、红隼、燕隼、灰背隼、白鹇、勺鸡、草鸮、褐林鸮、鹰鸮、斑头鸺鹠、领鸺鹠、雕鸮、红角鸮、领角鸮、小鸦鹃、褐翅鸦鹃、仙八色鸫、虎纹蛙、拉步甲、硕步甲、阳彩臂金龟、中华虎凤蝶、尖板曦箭蜓等 46 种。

浙江省清凉峰国家级自然保护区总面积为 11 252hm²。保护区地处偏僻，地质古老，地形地貌复杂，海拔高低悬殊，动植物种类丰富，区系组成复杂。特别是保存着世界上极为珍稀的鹿科动物 - 野生华南梅花鹿种群，举世瞩目。据初步调查统计，脊椎动物 31 目 90 科 323 种（其中，兽类 42 种，隶属于 8 目 18 科；鸟类 161 种，隶属于 13 目 44 科；两栖类 29 种，隶属于 2 目 8 科；爬行类 48 种，隶属于 3 目 9 科；鱼类 43 种，隶属于 5 目 11 科）；昆虫共计 27 目 256 科 1 598 属 2 567 种。被列为国家保护的动物有 42 种，其中，国家Ⅰ级保护的动物有华南梅花鹿、黑麂、云豹、金钱豹、白颈长尾雉、中华秋沙鸭、东方白鹳等 7 种；国家Ⅱ级保护的动物有猕猴、穿山甲、豺、水獭、大灵猫、小灵猫、金猫、黄喉貂、中华斑羚、中华鬣羚、小天鹅、白枕鹤、鸳鸯、白鹇、勺鸡、褐翅鸦鹃、黑鸢、苍鹰、赤腹鹰、雀鹰、松雀鹰、红隼、草鸮、红角鸮、长耳鸮、领鸺鹠、斑头鸺鹠、虎纹蛙、中华虎凤蝶、尖板曦箭蜓、拉步甲、阳彩臂金龟等 35 种。

青山湖国家级森林公园有动物 1 553 种，其中，包括昆虫类共计 18 目 165 科 859 属 1 176 种，鱼类 6 目 13 科 52 属 66 种，两栖类 2 目 7 科 19 种，爬行类 3 目 10 科 42 种，鸟类 16 目 55 科 224 种，兽类 8 目 15 科 22 属 26 种。

第二章 │ 临安珍稀野生动物组成与特征

一、临安珍稀野生动物物种组成

基于科学的设计调查，结合多年的历史资料，临安境内共记录有珍稀野生动物 162 种，分属 27 目 52 科 114 属。按类群分，昆虫 3 目 5 科 7 属 8 种，两栖类 2 目 6 科 12 属 18 种，爬行类 2 目 6 科 11 属 11 种，鸟类 15 目 24 科 60 属 100 种，哺乳类 5 目 11 科 24 属 25 种（表 2-1）。

表 2-1　临安珍稀野生动物物种组成

类群	目	比例（%）	科	比例（%）	属	比例（%）	种	比例（%）
昆虫	3	11.11	5	7.84	7	6.14	8	4.94
两栖类	2	7.41	6	11.76	12	10.53	18	11.11
爬行类	2	7.41	6	11.76	11	9.65	11	6.79
鸟类	15	55.56	24	47.06	60	52.63	100	61.73
哺乳类	5	18.52	11	21.57	24	21.05	25	15.43
合计	27	100	52	100	114	100	162	100

按濒危程度分类，根据《世界自然联盟（IUCN）的世界濒危动物红色名录（2013 年）》和《中国脊椎动物红色名录（2016）》可知，临安濒危野生动物中，极危级有 7 种，占临安濒危野生动物总种数（不包括昆虫）的 4.55%；濒危级有 13 种，占 8.44%；易危级有 20 种，占 12.99%；近危级有 39 种，占 25.32%；低危级有 71 种，占 46.10%；数据缺乏有 4 种，占

2.60%（表2-2）。

表2-2　临安珍稀野生动物物种濒危程度

濒危等级	两栖类	比例（%）	爬行类	比例（%）	鸟类	比例（%）	哺乳类	比例（%）
极危（CR）	1	5.56	2	18.18	1	1.00	3	12.00
濒危（EN）	1	5.56	4	36.36	5	5.00	3	12.00
易危（VU）	4	22.22	2	18.18	7	7.00	7	28.00
近危（NT）	3	16.67	0	0.00	28	28.00	8	32.00
低危（LC）	8	44.44	2	18.18	58	58.00	3	12.00
数据缺乏（DD）	1	5.56	1	9.09	1	1.00	1	4.00
合计	18	100	11	100	100	100	25	100

按保护级别分，根据《濒危野生动植物国际贸易公约（CITES）（2016）》可知，临安濒危野生动物中，收录附录Ⅰ的有15种，占临安濒危野生动物总种数（不包括昆虫）的9.74%；收录附录Ⅱ的有44种，占28.57%；收录附录Ⅲ的有8种，占5.19%（表2-3）。按国内标准分，国家Ⅰ级重点保护野生动物8种，占临安濒危野生动物总种数（包括昆虫）的4.94%，国家Ⅱ级重点保护野生动物64种，占39.51%，浙江省重点保护野生动物90种，占55.56%（表2-4）。

表2-3　临安珍稀野生动物物种国际保护级别

附录	两栖类	比例（%）	爬行类	比例（%）	鸟类	比例（%）	哺乳类	比例（%）
Ⅰ	0	—	1	50.00	6	13.04	8	42.11
Ⅱ	0	—	1	50.00	39	84.78	4	21.05
Ⅲ	0	—	0	0.00	1	2.17	7	36.84
合计	0	—	2	100	46	100	19	100

表 2-4 临安珍稀野生动物物种国内保护级别

类群	昆虫	比例（%）	两栖类	比例（%）	爬行类	比例（%）	鸟类	比例（%）	哺乳类	比例（%）
国家 I 级	0	0.00	0	0.00	0	0.00	4	4.00	4	16.00
国家 II 级	5	62.50	1	5.56	0	0.00	48	48.00	10	40.00
浙江省重点	3	37.50	17	94.44	11	100.00	48	48.00	11	44.00
合计	8	100	18	100	11	100	100	100	25	100

二、临安珍稀野生动物区系组成

临安珍稀野生两栖爬行动物中，华中区有 12 种，占 41.38%；华中华南区有 15 种，占 51.72%；华中西南区有 1 种，占 3.45%；广布种有 1 种，占 3.45%。由此可见，华中华南区物种占主要成分（表 2-5）。

表 2-5 临安珍稀野生动物两栖爬行类物种区系组成

区系	两栖类	比例（%）	爬行类	比例（%）
华中区	8	44.44	4	36.36
华中华南区	9	50.00	6	54.55
华中西南区	1	5.56	0	0.00
广布种	0	0.00	1	9.09
合计	18	100	11	100

临安珍稀野生鸟类哺乳类动物中，古北界有 55 种，占 44.00%；东洋界有 54 种，占 43.20%；广布种有 16 种，占 12.80%。由此可见，古北界物种占主要成分（表 2-6）。

表 2-6　临安珍稀野生动物鸟类和哺乳类物种区系组成

区系	鸟类	比例（%）	哺乳类	比例（%）
古北界	51	51.00	4	16.00
东洋界	38	38.00	16	64.00
广布种	11	11.00	5	20.00
合计	100	100	25	100

三、临安珍稀野生动物的分布类型

临安珍稀野生动物中，古北型有 29 种，占总种数的 18.81%；东北型有 8 种，占 5.19%；全北型有 16 种，占 10.39%；温带型有 4 种，占 2.60%；季风型有 9 种，占 5.84%；热带温带型有 6 种，占 3.90%；喜马拉雅横断山型有 1 种，占 0.65%；南中国型有 30 种，占 19.48%；东洋型有 51 种，占 33.12%（表 2-7）。由此可见，以东洋型为该地区珍稀野生动物的主要分布型。

表 2-7　临安珍稀野生动物物种分布型

分布型	两栖类	比例（%）	爬行类	比例（%）	鸟类	比例（%）	哺乳类	比例（%）
古北型	0	0.00	1	9.09	27	27.00	1	4.00
东北型	0	0.00	0	0.00	8	8.00	0	0.00
全北型	0	0.00	0	0.00	14	14.00	2	8.00
温带型	0	0.00	0	0.00	3	3.00	1	4.00
季风型	0	0.00	0	0.00	6	6.00	3	12.00
热带温带型	0	0.00	0	0.00	4	4.00	2	8.00
喜马拉雅横断山型	0	0.00	0	0.00	1	1.00	0	0.00
南中国型	15	83.33	5	45.45	4	4.00	6	24.00
东洋型	3	16.67	5	45.45	33	33.00	10	40.00
合计	18	100	11	100	100	100	25	100

此外，根据居留类型划分，临安珍稀野生鸟类中，留鸟有 35 种，占总种数的 35%；夏候鸟有 14 种，占 14%；冬候鸟有 39 种，占 39%；旅鸟有

12 种，占 12%（图 2-1）。由此可见，以留鸟和冬候鸟为主要居留类型。

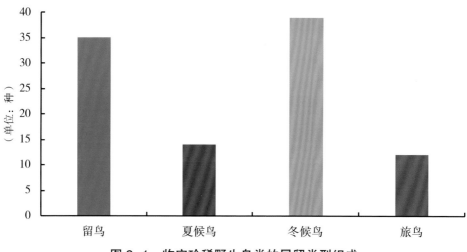

图 2-1　临安珍稀野生鸟类的居留类型组成

四、临安珍稀野生动物的生态类型

临安珍稀野生两栖动物可划分为 4 种生态类群，即流水型有 6 种，占总种数的 33.33%；静水型有 4 种，占 22.22%；陆栖静水型 3 种，占 16.67%；树栖型有 5 种，占 27.78%（图 2-2）。可见，以流水型和树栖型

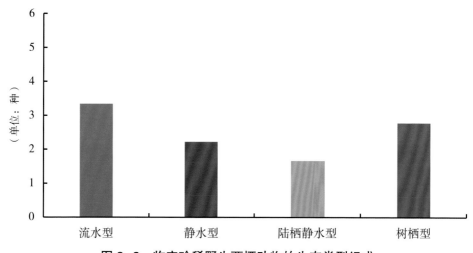

图 2-2　临安珍稀野生两栖动物的生态类型组成

为主要生态类群。

临安珍稀野生爬行动物可划分为 4 种生态类群，即树栖型有 5 种，占总种数的 45.45%；陆栖静水型有 3 种，占 27.27%；陆栖流水型 2 种，占 18.18%；陆栖树栖型仅有 1 种，占 9.09%（图 2-3）。可见，以树栖型为主要生态类群。

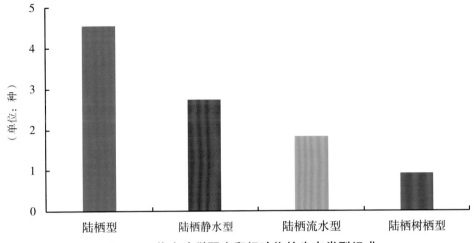

图 2-3　临安珍稀野生爬行动物的生态类型组成

临安珍稀野生鸟类可划分为 6 种生态类群，即游禽有 26 种，占总种数的 26%；涉禽有 6 种，占 6%；陆禽有 3 种，占 3%；猛禽有 35 种，占 35%；攀禽有 18 种，占 18%；鸣禽有 12 种，占 12%（图 2-4）。由此可见，以猛禽和游禽为主要生态类群。

临安珍稀野生哺乳动物可划分为 4 种生态类群，即杂食性兽类有 1 种，占总种数的 4%；食虫类兽类有 2 种，占 8%；食肉类兽类有 16 种，占 64%；食草类兽类有 6 种，占 24%（图 2-5）。可见，以食肉类兽类为主要生态类群。

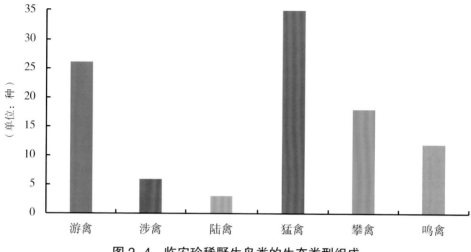

图 2-4　临安珍稀野生鸟类的生态类型组成

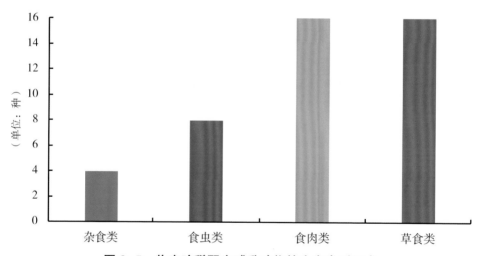

图 2-5　临安珍稀野生哺乳动物的生态类型组成

第三章 ｜ 临安珍稀野生动物 保护现状与对策

一、现状与问题

临安历来对野生动物保护工作非常重视，先后成立了 2 个国家级自然保护区、1 个国家级森林公园和 17 个自然保护小区，占地面积约 214km²，占临安全域面积的 6.8%，为野生动物的生存和繁衍提供了良好的栖息地，从而有效地保护了生物多样性。据调查，临安区珍稀野生动物逐年增加，省级及以上重点保护野生动物从原来的 90 种，增加到现在的 162 种，其中，国家 I 级重点保护野生动物从原来的 7 种增加到现在的 8 种，国家 II 级重点保护野生动物从原来的 36 种增加到现在的 64 种，浙江省重点保护野生动物从原来的 47 种增加到现在的 90 种。

临安坚持经济社会发展和生态环境保护相结合的原则，着力建设既符合国家标准、又富有临安特色的生态城市。截至目前，临安的城市环境空气污染指数为 77，空气质量达到良好级别，其优良天数为 348d；河流湖库水质良好，饮用水源地、出境断面水质达标率均为 100%。

虽然临安的珍稀野生动物得到有效保护，但也存在着一些问题：一是人们对野生动物保护意识还有待于提高，非法捕猎野生动物行为还时有发生；二是对野生动物保护法律法规的宣传还有待于进一步加强，全民保护野生动物的氛围还需进一步形成；三是管理机构的力量比较薄弱，管理手段比较落后，依法打击破坏野生动物违法行为还要进一步加强；四是对野生动物保护的资金投入不足，农民因保护野生动物而受到的损失补偿机制还有待于完善。

二、保护对策

1. 加强野生动物栖息地保护，明确珍稀野生动物保护的目标

应当考虑到当地的基本情况，规划出不同阶段的保护目标。对不同珍稀野生动物划定自然保护区，加强栖息地保护，完善以保护珍稀野生动物为主的动植物资源及其生存环境，保证生物多样性的持续发展。加强珍稀、濒危野生动植物及其栖息地的保护，维护森林、灌丛、草地及河流复合生态系统的稳定性，维护当地独特的自然生态景观和自然生态系统。

2. 加大监管力度，依法打击破坏野生动物的违法行为

从源头做好野生动物资源保护工作，落实长效管理机制，制定和完善管理制度，明确责任。经常性地在全区范围内对宾馆、饭店、集贸市场开展野生动物执法检查，严厉打击非法猎捕、杀害、经营陆生野生动物的违法犯罪行为。保护工作不仅要深入贯彻执行一系列与珍稀动物保护相关的法律和法规，而且，要积极利用当地的乡规民约，来进一步加强野生动物资源的保护与可持续利用。

3. 建立珍稀野生动物信息系统和监测网络

要充分利用自身资源，与科研院所和高校开展广泛的合作与交流，制订科学的保护措施和管护方案，加强珍稀动物保护科研工作。建立动植物和湿地资源研究和监测体系，实现生物多样性的动态监测；开展珍稀野生动物的种群数量、动态分布及生活习性研究，同时，开展珍稀动植物种群与环境形成的特殊成因的生态系统研究；开展珍稀濒危动植物物种群落生态、遗传多样性与结构等研究。如跟踪观测候鸟以及珍稀濒危鸟类的种群数量、分布、受威胁状况；开展珍稀哺乳动物的种群生态学研究，对其种群数量、结构、分布状况和动态变化规律进行长期监测观察；建立资料数据库；开展具有经济价值的动物资源的开发利用研究等。

4. 加强科普宣传和建立生态补偿机制

采用影像、文字、图片等方式进行珍稀野生动物保护的宣传，在珍稀动物保存区开辟展示区，以增强大众保护意识，让人们了解自然保护事业的重要性。林业、农业等有关部门应定期组织技术人员，尤其是相关管理和执法人员的专业培训工作，请专家讲解珍稀野生动物的形态特征和识别要点、生物学和生态学特性、保护技术措施和方法，有条件可组织现场考察等，从而提高保护执法能力。

加大资金投入，建立野生动物保护生态补偿机制，对维持野生动物自然繁衍和保护物种多样性具有重要作用。此外，还可通过建立包括水源涵养、洪水调蓄、生物多样性保护、水土保持等重要生态功能区，使得区域之间建立小的互补机制，对保护小生境和生物多样性的保护也具有重要作用。

5. 开发生态旅游，鼓励和扶持当地村民积极参与

生态旅游业的开发利用具有环境破坏小、经济效益高等特点，对于生物资源和生态环境的保护具有重要意义。当地农村，利用其自身资源优势，合理开发利用，特别是通过吸引村民参与资源管护工作、适度开展生态旅游、发展生态型产业、引导村民改变传统的生产方式以减少对资源的依赖，使资源保护与村民利益发展相结合形成利益共同体。让村民通过参与发展旅游得到实惠，使村民成为保护野生动物的拥护者和支持者，更有利于生物多样性和生态环境的保护。

各　论

昆　虫

　　昆虫是生物多样性的主体，它在维护生态平衡、生物防治、作物传粉、医药保健、轻工原料以及促进生态系统营养结构的稳定和增强生态系统的安全等方面，扮演重要的角色。近年来，有关昆虫生物多样性方面的报道越来越多，甚至部分研究人员已将昆虫生物多样性用于森林生态系统健康的指示物种，昆虫多样性也越来越受到关注。野生珍稀保护的昆虫因其对环境变化敏感，对生境质量要求较高以及人为捕捉而变得更加稀有和珍贵，及时掌握野生珍稀保护的昆虫形态特征、生物学以及分布等信息，对更好保护该类昆虫资源极为迫切而必要。

　　临安植物群落多样，植被覆盖率较高，生态环境优良，生物资源丰富。通过野外综合资源调查与相关资料考证，临安境内有昆虫 33 目 351 科 2 342 属 4 209 种，占浙江省昆虫种类的 60%，其中，分布大量新种。本次调查发现临安有珍稀野生保护昆虫 8 种，其中，国家 II 级重点保护野生动物有 5 种，浙江省重点保护野生动物 3 种。

1. 尖板曦箭蜓 | *Heliogomphus retruoflexus* (RIS)
蜻蜓目 箭蜓科

保护级别：国家Ⅱ级重点保护野生动物。

形态特征：尖板曦箭蜓头顶、后头及后头后方都为黑色；前胸主要为黑色，杂有黄斑；合胸背前方黑色，具黄色条纹，合胸侧方黄色，具黑色纹；足大多黑色；翅透明，微带褐色；腹部黑色，缀以黄色斑点。

分布范围：天目山、清凉峰。该虫为半变态昆虫，卵产在水面或水生植物上，幼虫生活在水里，捕食小水生动物；成虫在陆上善飞翔，也是肉食性昆虫。

保护价值：由于分布区狭窄，且对环境质量要求较高，数量稀少。

2. 拉步甲 | *Carabus lafossei* Feisthamel
鞘翅目 步甲科

保护级别： 国家 II 级重点保护野生动物。

形态特征： 拉步甲成虫体长 3~4cm，体宽 1~1.6cm。体色变异大，有多种色型，通常全身金属绿色，前胸背板及鞘翅外缘泛金红色光泽。前胸背板呈鞍形，中间高，两侧低，外缘略翘；每个鞘翅上由黑色、蓝黑色或蓝绿色瘤突组成 6 列纵线，3 条较粗，3 条较细，粗细相间排列，鞘翅末端上翘外分；足细长，善急走，雄虫前足跗节略膨大。

分布范围： 广布于临安境内。常栖息于砖石、落叶下或较浅土层。

保护价值： 具有重要的科研价值。

3. 硕步甲 | *Carabus davidis* (Deyrolle & Fairmaire)
鞘翅目 步甲科

别　　名：大卫步甲。

保护级别：国家 Ⅱ 级重点保护野生动物。

形态特征：硕步甲成虫体长 3~4cm、宽 1~1.4cm。头部、触角及足部呈黑色，前胸背板、侧板及小盾片为蓝紫色。鞘翅带有金属光泽的绿色，呈长卵形，中后部最宽，翅缘折及脊线为暗蓝紫色。头部眼间较宽，额凹宽阔，后端在眼前消失。上唇中凹明显，上颚较宽，口部须端膨大。

分布范围：广布。常栖息于喜潮湿土壤或靠近水源的砖石、落叶下或较浅土层。白天一般隐藏于木下、落叶层、树皮下、苔藓下或洞穴中；有趋光性和假死现象。

保护价值：具有重要的科研价值。

4. 阳彩臂金龟 | *Cheirotonus jansoni* (Jordan)
鞘翅目 臂金龟科

保护级别：国家Ⅱ级重点保护野生动物。

形态特征：阳彩臂金龟体长 6~9cm，体宽 4~5cm，前肢长度为10~11cm，体重 40g。体长椭圆形，背面强度弧拱；头面、前胸背板、小盾片呈光亮的金绿色，前足、鞘翅大部为暗铜绿色，鞘翅肩部与缘折内侧有栗色斑点；体腹面密被绒毛；前胸背板隆拱，有明显中纵沟，密布刻点，侧缘锯齿形，基部内凹；前足特别长大，超过体长。

分布范围：天目山、清凉峰、天目山镇、清凉峰镇。栖息于常绿阔叶林中。

保护价值：1982 年，中国宣布阳彩臂金龟灭绝，但近年来又相继有发现。由于种群数量稀少，具有重要的科研价值。

5. 黑紫蛱蝶 | *Sasakia funebris* (Leech)
　　　　　　　| 鳞翅目　蛱蝶科

保护级别：浙江省重点保护野生动物。

形态特征：黑紫蛱蝶属大型蛱蝶，翅黑色，有天鹅绒蓝色光泽，前翅中室内有一条红色纵纹，端半部各室有长"V"形白色条纹，后翅端部有平行白色长条纹。翅反面斑纹同正面，但中室基部为箭头状红斑；中室脉上有一个白斑，中室外下方有 3~4 个灰白斑；后翅基部有一个耳环状红斑。

分布范围：天目山、清凉峰、天目山镇、龙岗镇、岛石镇。

保护价值：具有重要科研价值。

6. 中华虎凤蝶 | *Luehdorfia chinensis* (Lee, 1982)
鳞翅目 凤蝶科

保护级别：国家 II 级重点保护野生动物。

形态特征：中华虎凤蝶翅展 5.5~6.6cm，雌雄同型。体、翅黑色，斑纹黄色。胸背面和腹部、前翅基部及后翅内缘密生有黄色软毛。前翅具有 7 条黄色横斑带，基部 1 条粗，从前缘达后缘，第二和第三条，第四、第五条同样从前缘到中室后缘合二为一达后缘，第六条终止于 M3 脉，第七条从前缘达臀角，其中，近翅尖第一个黄斑与后方 7 个黄斑排列整齐，无错位。后翅外缘锯齿不尖，在锯齿凹处有 4 个黄色半月斑。亚外缘有 5 个发达的红色斑连成带状，其内侧的黑色斑细小，中室的黑带与其下的黑带分离。尾突较短，长度约为后翅长的 15%。臀角有 1 个缺刻。前后翅反面与正面基本相似。

分布范围：天目山、清凉峰。喜光线较强而湿度不太大的林缘，飞翔能力不强，常寻访的蜜源植物主要有蒲公英、紫花地丁及其他堇科植物。

保护价值：具有重要的科研价值。

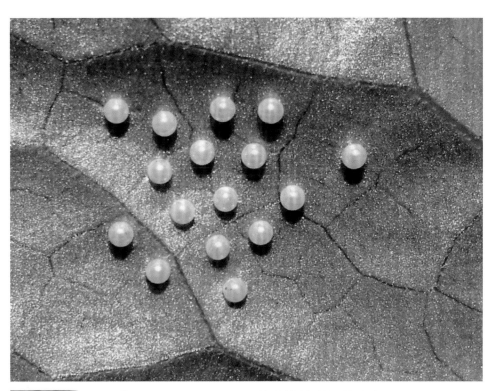

7. 宽尾凤蝶 | *Agehana elwesi* (Leech)
鳞翅目 凤蝶科

保护级别： 浙江省重点保护野生动物。

形态特征： 宽尾凤蝶尾状突起特别宽大，内有 2 条红色翅脉（第三脉及第四脉）贯穿尾突，此一特征可与其他凤蝶做区别。成虫展翅为 9.2~10 cm，雌蝶体型较雄蝶大，但雌雄蝶翅形状及色彩斑纹相同。前翅底色黑而略带褐色，后翅在中室附近有白色大纹，在外沿则有一排红色弦月形纹。中国台湾特产和中国大陆产的宽尾凤蝶非常接近。相同处有：都具有宽大尾状突起，且有两条尾脉。不同处有：后翅中室和附近呈白色，外缘各室、臀角、尾突上的红斑呈圆门形。雌蝶翅面较宽圆。

分布范围： 天目山、清凉峰、天目山镇、龙岗镇、岛石镇、清凉峰镇。成虫栖息时常平放翅膀，飞行缓慢，常作滑翔飞态，幼虫寄主于檫树。

保护价值： 该种寄主植物相对单一，且呈零星分布，具有很高的学术价值。

8. 金裳凤蝶 | *Troides aeacus* (Felder, 1860)
鳞翅目 凤蝶科

别　　名： 金翼凤蝶、金乌蝶、翼凤蝶。

保护级别： 浙江省重点保护野生动物。

形态特征： 金裳凤蝶属大型凤蝶，雄性翅展 11cm，前翅黑色翅脉两侧的灰白色鳞片明显，后翅金黄色，黑斑仅位于翅边缘，从侧后方观察，其后翅有荧光。雌蝶翅展 120~150mm，雄蝶翅展 100~130mm。雄蝶后翅的金黄色，在逆光下看，会呈现出类似珍珠在光照下反射出变幻光彩。随着光线角度的变化，有青、绿、紫色在变幻。为大型美丽的种类。前翅黑色，有白色条纹；后翅金黄色，斑纹黑色；后翅无尾突，其外缘较平直；雄蝶正面沿内缘有褶皱，内有发香软毛，并有长毛。

分布范围： 天目山、清凉峰、天目山镇、龙岗镇、岛石镇和清凉峰镇。成虫常见于低海拔平地及丘陵地栖息。

保护价值： 具有重要的科研价值。

两栖类

两栖动物出现于约 3 亿年前，是最原始的陆生脊椎动物，既有适应陆地生活的新性状，又有从鱼类祖先继承下来的适应水生生活的性状。全球有约 4350 多种，主要分蚓螈目、有尾目与无尾目等 3 目。两栖动物的皮肤裸露，表面没有鳞片、毛发等覆盖，但是，可以分泌黏液以保持身体的湿润；其幼体在水中生活，用鳃进行呼吸，长大后用肺兼皮肤呼吸。两栖动物可以爬上陆地，但是不能一生离水，因为可以在两处生存，称为两栖。它是脊椎动物从水栖到陆栖的过渡类型。两栖动物是冷血动物。

通过野外综合资源调查与相关资料考证，共记录临安区野生两栖动物 2 目 7 科 27 种，占浙江省两栖种类总数 43 种的 62.79%。不仅野生两栖动物资源丰富，而且属临安区珍稀两栖动物种类较多，其中，国家 II 级重点保护野生动物有虎纹蛙 1 种，浙江省重点保护野生动物有安吉小鲵、天目臭蛙、大树蛙、棘胸蛙等 17 种。

9. 安吉小鲵 | *Hynobius amjiensis* (Gu)
有尾目　小鲵科

保护级别： 浙江省重点保护野生动物。

形态特征： 安吉小鲵体型较大，雄性体长 15.3~16.6 cm，雌性体长 15.5~16.8 cm，尾长短于头体长。头平扁，卵圆形，吻宽圆；鼻孔近吻端，鼻间距等于或小于眼间距；眼背侧位，突出呈球状，瞳孔圆形；上下颌具细齿，犁骨齿列呈"V"形，外枝长度不及内枝之半，内枝后端达眼球后缘，内外枝交角略超出内鼻孔前缘，左右两内枝后端彼此靠近而不相接。舌大，椭圆形，几占满口腔底部。躯干粗壮，背中央脊线明显下凹，腹部略平扁，体侧肋沟 13；前肢 4 指，指长顺序为 2-3-4-1，后肢 5 趾，趾序为 2-3-4-5-1；指趾无角质鞘，无蹼，掌跖突显著，前后肢贴体相向指趾超越 2~3 肋沟。体表皮肤光滑，无唇褶，颈褶明显。背面暗褐或棕褐色，腹面灰褐色。

分布范围： 天目山，清凉峰。生活在海拔 1 200 m 以上的中山湿地。

保护价值： 有重要的科研价值。

10. 义乌小鲵 | *Hynobius yiwuensis* Cai
有尾目 小鲵科

别　　名：山鲇鲐。

保护级别：浙江省重点保护野生动物。

形态特征：义乌小鲵体型较小，雄性体长 8.3~13.6cm，雌性体长 8.7~11.7cm，尾长短于头体长。头部卵圆形，头顶有"Ｖ"形嵴。头长大于头宽，吻端钝圆；鼻孔近吻端，鼻间距大于眼间距；眼位于头背侧；上下颌具细齿，犁骨齿列"ひ"形，内枝明显长于外枝，每侧外枝上有小齿 5~8 枚，内枝 14~16 枚。躯干圆柱状，背、腹略扁，尾基部近圆形，往后渐侧扁，末端钝圆；体侧肋沟 10~11 条，左右肋沟在体腹面会合；后肢较前肢发达，指 4 趾 5，指长顺序为 2-3-4-1，趾长顺序为 3-4-2-5-1。体表皮肤光滑，头顶有一椭圆形凹痕；颈褶明显；体背黑褐色，零星散布银白色小点；体腹灰白色，无云斑。

分布范围：清凉峰，清凉峰镇。生活于海拔较低的丘陵山地，多见于疏松潮湿的泥土、石块或腐枝烂叶下面。

保护价值：我国稀有两栖动物。对研究有尾两栖动物的分类地位、地理分布现状及探讨两栖动物的演化史有重要意义。

11. 中国瘰螈 | *Paramesotriton chinensis* (Gray)
有尾目 蝾螈科

别　名：山和尚、水壁虎。

保护级别：浙江省重点保护野生动物。

形态特征：中国瘰螈体型中等，雄性体长12.6~14.1cm，雌性体长13.3~15.1cm。头部扁平，头长大于头宽；吻端钝圆，吻棱明显；鼻孔近吻端；上下颌具细齿，犁骨齿两长斜行呈"Ω"形，前端颇为接近，几成平行状，在二内鼻孔间的内侧会合，后端显然向两侧斜行；舌小近圆形，两侧缘游离。躯干浑圆，四肢长，前肢较细，指端圆钝，基部无蹼；指4趾5，指长顺序为3-2-4-1，趾长顺序为4-3-5-2-1；尾部侧扁，尾梢钝圆，尾长略长于头体长。皮肤粗糙，体背与体侧布满分散瘰粒；体背与尾侧为褐色，体侧与腹面色浅；腹面有橘红或黄色块斑。

分布范围：天目山，清凉峰，清凉峰镇。栖息于丘陵地带低海拔的溪流中，水面开阔、水流较缓处多见；对水质要求较高，常隐蔽在水底的石块间、溪旁杂草丛或石缝内。

保护价值：有重要的科学研究价值。

12. 东方蝾螈 | *Cynops orientalis* (David)
有尾目　蝾螈科

别　　名：水龙、四脚鱼。

保护级别：浙江省重点保护野生动物。

形态特征：东方蝾螈体形小，雄性体长 6.3~7.2cm，雌性体长 7.0~9.1cm，。头部扁平，头顶平坦，头长大于头宽；吻端钝圆，吻棱显著；鼻孔近吻端；眼径约与吻等长；上下颌具细齿，犁骨齿二长斜行成"Ω"形，前端颇为接近，在二内鼻孔间的内侧会合，后端向两侧斜行；舌小而厚，卵圆形，前窄后宽，前后端黏连于口腔底，左右两侧游离。躯干浑圆；四肢细长，贴体相向时，指趾端相重叠；指、趾略扁平而细长，末端较尖圆，基部无蹼；指 4 趾 5，指长顺序为 3-2-4-1，趾长顺序为 3-4-2-5-1，内侧指趾均短小。尾部侧扁，尾梢钝圆。尾长，略短于全长的 1/2，尾高 5~7mm。唇褶在口角处较为显著；枕部略显"V"形隆起，颈褶清晰，绕至耳后腺后端，背正中微有脊沟。头背皮肤较光滑，腹面皮肤光滑且有横细沟纹；背腹鳍较平直，在尾端会合而成圆钝的尾梢。背面深褐色或黑褐色，腹面朱红色杂有棕褐色圆斑或条纹。

分布范围：广布于临安境内。主要栖息于池塘、水田以及流速较缓的溪流中。

保护价值：中国特有物种。有重要科学研究价值。

13. 秉志肥螈 | *Pachytriton granulosus* Chang
有尾目 蝾螈科

别　　名：山和尚、山狗、山娃娃、山椒鱼、四脚鱼。

保护级别：浙江省重点保护野生动物。

形态特征：秉志肥螈体型较大，雄性体长 15.3~19.1cm，雌性体长 12.9~19.8cm。头部扁平，吻端钝圆，头长大于头宽；上下颌有细齿，犁骨齿列呈"∧"形；舌头大，与口腔底部相连。躯干粗壮，背腹略扁平；四肢粗短，前后肢贴体相对时，指、趾端间距超过后足之长度；指4趾5，其指长顺序 3-2-4-1，指、趾缘膜宽厚，基部微蹼。尾短于头体长。头侧无脊棱，唇褶发达，颈褶明显，尾鳍褶显著。皮肤光滑，体背面棕褐或黄褐色，无深色圆斑；腹面色浅有或多或少的橘红或橘黄色大斑块；尾上、下缘橘红色连续或间断。

分布范围：广布于临安境内。栖息于海拔 1 200m 以下水质清洁且水流缓慢的溪流中，白天多隐于溪内石隙间，夜晚外出多在水底石上爬行。

保护价值：中国特有物种。秉志肥螈对环境的变化敏感，是环境变化的指示性动物之一。

14. 天目臭蛙 | *Odorrana tianmuii* Chen, Zhou and Zheng
无尾目　蛙科

别　　名：花蛤蟆。

保护级别：浙江省重点保护野生动物。

形态特征：天目臭蛙属中型蛙类，雄性体长 3.3~4.1cm，雌性体长 6.4~8.5cm；雌性头体长约为雄性的 1.75 倍。头部扁平，头长大于头宽；吻端钝尖，吻棱显著。前肢较粗，指长而扁平，指末端膨大成小吸盘，指长顺序 3-4-1-2；后肢长，前伸胫跗关节达眼鼻间，趾端具吸盘与横沟，趾间全蹼。颞褶黑褐色，自眼后角沿鼓膜上方斜向后，似一条黑眉；鼓膜褐色，中心和外缘深褐色；上下唇缘黄色有黑褐色横纹。背面黄绿色，间以棕褐色或酱红色大圆斑点，圆形斑周围镶以浅色边缘；四肢背面浅褐色，胫部背面横纹 4~5 条，横纹间点缀着褐色斑，无纵肤棱。皮肤光滑，背面和四肢背部皮肤有细小痣粒，体侧有大小不一的扁平疣粒，疣粒在背部沿背侧褶的位置排成两纵列；腹面白色无斑。

分布范围：广布于临安境内。生活于海拔 800m 以下水流平缓、环境阴湿、植被茂盛的山区溪流岸边；成蛙栖息于溪边的石块、岩壁、岩缝或溪边的灌丛中。

保护价值：中国特有物种。

15. 大绿臭蛙 │ *Odorrana graminea* (Boulenger)
│ 无尾目 蛙科

保护级别： 浙江省重点保护野生动物。

形态特征： 大绿臭蛙属中型蛙类，雌雄蛙大小差异甚大，雄蛙体长 4.3~5.1cm，雌蛙体长 8.5~11.4cm。头扁平，头长大于头宽；吻端钝圆，略突出下颌；吻棱明显，颊部内凹；瞳孔横椭圆形；眼间距与上眼睑几等宽；鼓膜大，为眼径的 1/2 至 2/3；鼻孔位于吻眼之间；犁骨齿两短斜行；舌后端缺刻较深。指较长，指端有吸盘与马蹄形横沟；后肢很长，为体长的 1.8 倍，胫跗关节前伸超过吻端，趾端吸盘略小于指端吸盘；趾间全蹼，蹼达趾端。背侧褶细或略显，颞部有细小痣粒。皮肤光滑，背面有零星小痣粒；背部草绿色，头侧、体侧及四肢为浅棕色，四肢背面有深棕横纹 3~4 条；上下颌缘浅黄色；腹侧、股后有黄白色云斑；腹面玉白色。

分布范围： 清凉峰，龙岗镇，清凉峰镇。栖息于海拔 800m 以下的林中溪流岸边。

保护价值： 不同地理种群在染色体水平上表现出不同程度上的差异，有重要的科研价值。

16. 凹耳臭蛙 | *Odorrana tormotus* Wu
无尾目 蛙科

保护级别：浙江省重点保护野生动物。

形态特征：凹耳臭蛙属中小型蛙类，雄性体长 3.2~3.3cm，雌性体长 5.2~5.9cm。头扁平，吻端尖圆，吻棱明显；鼻孔近吻端；鼻间距大于眼间距；颊部内斜；雄蛙鼓膜内凹呈外耳道，深达 2~3mm；舌梨形，后端缺刻深。胫跗关节达吻端；跟部重叠较多；指端扩大成小吸盘，外侧三指有马蹄形横沟，指关节下瘤显著；后肢长，趾端有吸盘，趾关节下瘤显著，趾间全蹼。背部皮肤光滑；在体背后端、体侧及四肢背面有许多小疣粒；背侧褶显著；体腹面除下腹部后端有少量扁平疣粒外，其余很光滑。上唇缘有一条醒目黄纹；咽胸部有棕色云斑；背面棕色，背部有若干小黑斑；体侧色较淡，散有小黑点；四肢背面有 3~4 条黑色横纹；腹面淡黄色。

分布范围：天目山，清凉峰，天目山镇，龙岗镇，清凉峰镇。栖息于海拔 800m 以下的山区溪流岸边。

保护价值：中国特有物种。有重要的研究价值。

17. 沼水蛙 | *Boulengerana guentheri* Boulenger
无尾目 蛙科

别　　名：沼蛙、清水蛤、水狗。

保护级别：浙江省重点保护野生动物。

形态特征：沼水蛙属大型蛙类，身体粗壮，体长 7.0~10.0cm。头部较扁平，头长大于头宽；吻端钝圆，吻棱明显；鼻孔近吻端；眼间距与上眼睑或鼓膜等宽而小于鼻间距；犁骨齿横置在内鼻孔的内侧前缘。指趾端圆钝不膨大，指端无横沟；指长顺序 3－1－4－2；关节下瘤及掌突均发达，且有指基下瘤。后肢长，胫跗关节前达鼻眼之间，左右跟部重叠；趾端有横沟，除第四趾外为全蹼；第四、第五蹠间之蹼达蹠基部；关节下瘤显著；内蹠突卵圆，外蹠突不显著；有内外二跗褶。皮肤光滑，背侧褶显著；无颞褶，体侧皮肤有小疣粒；胫部背面有细肤棱；整个腹面皮肤光滑，仅雄性咽侧外声囊部位呈皱褶状。身体背面为黄褐色、灰褐色或暗褐色，腹面淡褐色，喉胸部密布淡黑色之斑纹。身体侧面由眼鼻线沿背侧褶至鼠蹊部有 1 条黑褐色的纵带。后肢大腿前方和后方皆有黑褐色的大形斑纹，大腿和颈部表面皮肤有圆形或短棒状突起所连接而成的隆起棱，与纵轴平行。雄蛙具有 2 个鸣囊和前肢基部有一大型之腺性瘤状突起，此可与雌蛙区别。

分布范围：清凉峰。常栖息于海拔 1 200m 以下的静水池或稻田以及溪流。

保护价值：有重要的科研价值。

18. 天台粗皮蛙 | *Rugosa tientaiensis* Chang
无尾目 蛙科

保护级别：浙江省重点保护野生动物。

形态特征：天台粗皮蛙属中小型蛙类，雄性体长 3.8~5.1 cm，雌性体长 4.5~5.7 cm，体形略扁。头长约等于头宽；吻端宽圆，吻棱显著；头顶略凹；鼻孔近吻端，位于吻侧；鼻间距大于眼间距；鼓膜大而明显，约为眼径的 2/3~4/5；犁骨齿斜列；舌宽大，后端缺刻深。指略宽扁，末端钝圆，指长顺序 3-4-1-2，指基下瘤明显；后肢短，胫跗关节前达鼓膜，趾端钝圆，趾间全蹼，趾关节下瘤显著。皮肤极粗糙，全身布满大小不等的疣粒，大疣呈长形或椭圆形，排列不规则，其上有很多小痣粒。体背黑褐色或淡黄褐色，有黑斑点；四肢有青色宽横纹，趾蹼上有黑斑，腹面淡黄色。

分布范围：清凉峰，清凉峰镇。常栖息于山区溪流附近。

保护价值：中国特有物种。有重要科学研究价值。

19. 虎纹蛙 | *Hoplobatrachus chinensis* Wiegmann
无尾目 叉舌蛙科

别　　名：水鸡，粗皮田鸡，糙皮蛤蟆、虎皮蛙。

保护级别：国家Ⅱ级重点保护野生动物。

形态特征：虎纹蛙属大型蛙类。雌性比雄性大，雄蛙体长8.0~9.5cm，雌蛙体长8.5~12.0cm。头长大于头宽；吻端尖圆，吻棱不显；眼间距小于鼻间距；鼓膜大而显著，约为眼径的3/4；上颌齿锐利，犁骨齿极强；下颌前侧方有2个骨质齿状突，与上颌两个凹陷相吻合。前肢粗短，指长顺序3-1-4-2，指端尖圆，关节下瘤显著；后肢较短，胫跗关节前达鼓膜，趾端尖圆，趾间全蹼，趾关节下瘤较小。体背皮肤较为粗糙，有十几行纵向排列的肤棱，肤棱间及体侧散有小疣粒；胫部疣粒排列成行；颞褶明显；腹面皮肤光滑。头部、体背及体侧有深色不规则的斑纹，背部呈黄绿色略带棕色，四肢上有横纹，腹面肉白色，咽部和胸部有灰棕色斑。

分布范围：天目山，清凉峰，青山湖。主要栖息于海拔800m以下的水库、池塘、沼泽地等处以及附近的草丛中。

保护价值：有重要科学研究价值。

20. 棘胸蛙 | *Quasipaa spinosa* David
无尾目 叉舌蛙科

别　　名： 石鸡、棘蛙、石鳞、石蛙。

保护级别： 浙江省重点保护野生动物。

形态特征： 棘胸蛙蛙体大而粗壮，雄性体长 10.9~14.0cm，雌蛙体长 10.5~12.0cm。头长小于头宽；吻端钝圆，突出于下颌，吻棱不显；颊部向外倾斜，口位于头部前端，口裂至眼后；眼呈椭圆形，位于头部最高处；犁骨齿强；舌卵圆形，后端缺刻深；鼻间距与眼间距几相等。躯干较短，平扁，颈不明显，躯干两侧有肥大的四肢，前肢粗短，指长顺序 3-1-4-2，指间无蹼，指端圆，略膨大，关节下瘤发达，尤其以第一指为最；后肢强壮，趾端肿大成显著的圆球状，趾瘤发达，趾间有蹼。皮肤粗糙，雄蛙前肢背部有长短不一的窄长疣，断续成行排列，间有小圆疣，性成熟后整个胸部有黑刺状棘突；雌性前肢不如雄性发达，背面无窄长疣，均为分散圆疣、胸部无刺状棘突。背面黑棕色或浅棕色；腹面肉色有灰褐色云斑。

分布范围： 广布于临安境内。主要栖息于海拔 1 500m 以下山涧或阴湿岩石缝中。

保护价值： 有重要科学研究价值。

21. 九龙棘蛙 | *Quasipaa jiulongensis* Huang
无尾目 叉舌蛙科

别　　名：坑梆儿、小跳鱼。

保护级别：浙江省重点保护野生动物。

形态特征：九龙棘蛙属中小型蛙类，雄性体长 6.9~7.7cm，雌性体长 6.9~8.9cm。头宽略大于头长；吻端钝圆，突出下颌，吻棱不显；鼓膜不明显；鼻孔位于吻眼之间；犁骨齿发达，呈"V"形；舌后端有缺刻。前臂粗壮，指端圆，略膨大；后肢长，胫跗关节达吻端，趾端膨大成明显的球状，趾间全蹼；指、趾关节下瘤发达。颞褶明显；体和四肢背面皮肤粗糙，无背侧褶；头部及四肢背面及体侧有疣粒，整个前胸布满锥状角质黑刺，每一黑刺基部均有肉质疣。体背棕褐色，两侧各有 4~5 个明显的黄色斑块排列成纵行，咽部、胸部及体侧有黑色和淡色相杂的斑纹，前肢、后肢背面均有黑色横纹。

分布范围：清凉峰，清凉峰镇。栖息于海拔 800m 以上森林溪流静水坑中。

保护价值：中国特有物种。

22. 中国雨蛙 | *Hyla chinensis* Guenther
| 无尾目 雨蛙科

保护级别： 浙江省重点保护野生动物。

形态特征： 中国雨蛙体型较小，雄蛙体长 2.6~3.3cm，雌蛙体长 3.1~3.9cm。头长与头宽几相等；吻钝圆而高，吻棱明显，吻端和颊部平直向下；鼓膜圆，约为眼径的 1/3；上颌有齿，犁骨齿 2 个小团状。指端具吸盘与马蹄形横沟；指长顺序 3-2-4-1，第二、第四指几等长，指关节下瘤显著；后肢全长大于体长的 1.5 倍，胫跗关节前伸达鼓膜，左右跟部略重叠；趾端具吸盘，趾间具蹼，蹼为趾长 1/2。咽喉部光滑；背面皮肤光滑；颞褶细、无疣粒；腹面密布颗粒疣。体背绿色或草绿色，体侧及腹面浅黄色；有 1 条深棕色的细线从吻端经颞褶达肩部，在眼后鼓膜下方又有 1 条深棕色细线纹至肩部会合成三角形斑；体侧有黑斑点或连成粗黑线，股、胫部也有黑点。

分布范围： 广布于临安境内。主要栖息于平原或海拔 500m 以下的丘陵灌丛，塘边、稻田。

保护价值： 中国特有物种。有重要科学研究价值。

23. 三港雨蛙 | *Hyla sanchiangensis* Pope
无尾目 雨蛙科

保护级别： 浙江省重点保护野生动物。

形态特征： 三港雨蛙体型较小，雄性体长 2.9~3.4 cm，雌性体长 2.9~3.6 cm。头长小于头宽，吻宽圆而高，雄蛙吻端微尖；吻棱明显；颊部几乎垂直；眼间距大于鼻间距；鼓膜圆而清晰，约为眼径的一半；舌大而圆，后端微有缺刻；上颌有齿，犁骨齿两小团。指端有发达的吸盘，指长顺序为 3-4-2-1，第二、第四指几等长，指宽扁，指基具蹼；后肢细长，胫跗关节可达鼓膜处，趾端有吸盘，指长顺序为 4-5-3-2-1，第三、第五趾等长，趾间蹼发达，关节下瘤圆而明显。颞褶较细，斜直；背部皮肤光滑，腹面及股部腹侧皮肤布满大小均匀的扁平疣粒。眼下至口角处有一明显的浅色斑；体及四肢背面翠绿色；体侧及股前后侧微黄，体侧后段和股的前后侧及胫的内侧都有许多黑色近似圆形的斑块；腹面白色。

分布范围： 广布于临安境内。主要栖息于海拔 800 m 以下丘陵溪流、池塘附近的草丛或灌木丛中。

保护价值： 中国特有物种。有重要科学研究价值。

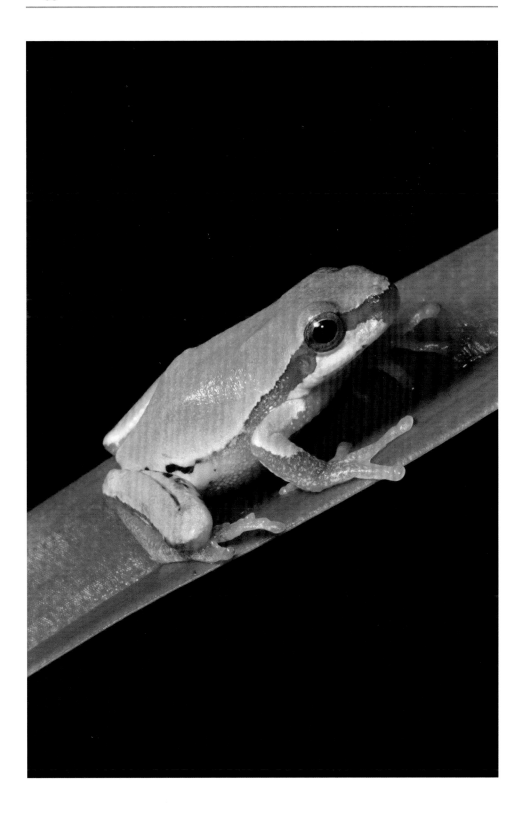

24. 无斑雨蛙 | *Hyla immaculata* Boettger
无尾目 雨蛙科

别　　名：绿蛤蟆、绿猴、雨呱呱、邦狗。

保护级别：浙江省重点保护野生动物。

形态特征：无斑雨蛙体型较小，雄性体长2.4~2.6cm，雌性体长3.1~4.1cm。头长略小于头宽，吻圆而高，吻棱明显；鼻孔近吻端；眼间距大于鼻间距；鼓膜圆而清晰；舌圆厚，后端微有缺刻；犁骨齿两小团，卵圆形。指端具吸盘和马蹄形横沟，指长顺序为3-4-2-1，指间基部有不显著的蹼迹，关节下瘤明显；趾端有吸盘及横沟，趾蹼约为1/3蹼，关节下瘤小。背面皮肤光滑；颞褶明显；胸、腹、股部密布扁平疣。背部绿色，体侧和腹面白色，体侧及股前没有黑色斑点，沿体侧、前臂后缘、胫及跗足外侧、肛上方常有白色线纹，外缘镶棕色细纹。

分布范围：天目山，清凉峰，天目山镇，龙岗镇，清凉峰镇。主要栖息在海拔1 200m以下的山间溪流、池塘、水坑、稻田附近的灌木丛、草丛。

保护价值：中国特有物种。有重要科学研究价值。

25. 大树蛙 | *Rhacophorus dennysi* Blanford
无尾目 树蛙科

保护级别：浙江省重点保护野生动物。

形态特征：大树蛙体型较大，雄蛙体长7.9~9.9cm，雌蛙9.5~11.5cm。头长宽几相等，头部扁平，雄蛙吻端斜尖，雌蛙钝圆；吻棱显著；眼间距明显大于鼻间距；鼓膜大而圆；犁骨齿位于鼻孔内侧上方，左右两列几平直；舌宽大，后端缺刻深。指端具吸盘和横沟，背部有纵沟，第三、第四指吸盘大，指长顺序为3-4-2-1，指间蹼发达，关节下瘤发达；后肢较长，胫跗关节前伸达眼与鼻之间，趾间全蹼，蹼上有网状纹。背面皮肤较粗糙，有小刺粒；腹部和股部密布较大扁平疣；指、趾吸盘背面可见"Y"形迹，指、趾间膜有深色纹。下颌及咽喉部紫罗兰色；背面绿色，有镶浅色线纹的棕黄色或紫色斑点；体侧有成行的白色大斑点或白纵纹，腹面其余部位灰白色。

分布范围：广布于临安境内，主要栖息于海拔800m以下的山区灌木丛、溪边岩石等。

保护价值：有重要科学研究价值。

26. 斑腿泛树蛙 | *Polypedates megacephalus* Hallowell
无尾目 树蛙科

保护级别：浙江省重点保护野生动物。

形态特征：斑腿泛树蛙属中小型蛙类，雄蛙体长 3.6~4.5cm，雌蛙 5.1~6.1cm，体扁平；头长宽几相等；吻略尖圆，吻棱显著；颊面内陷；鼻孔近吻端，眼间距大于鼻间距；鼓膜显著，鼓膜直径约为眼径的 2/3；舌后端缺刻深；犁骨齿两行，八字形排列。前肢长，指端具吸盘与横沟，第三指吸盘与鼓膜几等大，指长顺序为 3-4-2-1，指基无蹼，指侧具缘膜，关节下瘤及掌突显著；后肢长，胫跗关节前达眼与鼻孔之间，趾吸盘略小于指吸盘，趾长顺序为 4-5-3-2-1，第三、第五趾几等长，趾间为全蹼，关节下瘤发达。颞褶平直而长，达肩后方；背面皮肤密布细疣粒，体侧、腹面疣粒较大。体背浅棕色，散有棕褐色斑点；两眼间有一横斑纹，体侧及股后满布网状棕色斑；咽部有黑斑点；背面一般有 4 条黑纵纹，有的在头后呈"×"形斑；腹面乳白色。

分布范围：广布于临安境内，主要栖息于低海拔的山区水田、池塘的灌丛、草丛中。

保护价值：有重要科学研究价值。

爬行类

　　爬行类动物是在约 3.4 亿年前由两栖动物演变而来的，全球约有 6 000 多种，主要分龟鳖目、鳄目和有鳞目 3 目。身体构造和生理机能比两栖类更能适应陆地生活环境。身体已明显分为头、颈、躯干、四肢和尾部；颈部较发达，可以灵活转动，增加了捕食能力，能更充分发挥头部眼等感觉器官的功能；骨骼发达，利于支持身体、保护内脏和增强运动能力；用肺呼吸。大脑功能比两栖类有了进一步增强。

　　通过野外综合资源调查与相关资料考证，共记录临安区野生爬行动物 3 目 10 科 42 种，占浙江省爬行动物种类总数 51 种的 82.35%。不仅野生爬行动物资源丰富，而且属临安区珍稀爬行动物有平胸龟、脆蛇蜥、黑眉晨蛇、舟山眼镜蛇、尖吻蝮等 11 种。

27. 平胸龟 | *Platysternon megacephalum* (Gray)
龟鳖目 平胸龟科

别　　名：鹰嘴龟，鹰龟，大头龟。

保护级别：浙江省重点保护野生动物。

形态特征：雄性：头长 4.7~7.8cm，背甲长 9.8~16.8cm，尾长 7.9~15.0cm；雌性：头长 5.2~6.0cm，背甲长 10.2~15.0cm，尾长 9.5~10.5cm。头大，上颌钩曲呈鹰嘴状，上颌内侧前方各有一凹缺，头背覆以大块角质硬壳；眼大，鼻孔一对位于上喙的前端上方；身体背腹部扁平，背甲中央有一棱嵴隆起；背甲与腹甲的缘盾间以韧带相连，有下缘角板。四肢灰色且粗壮有力，后肢较长，具瓦状鳞片；指、趾间有半蹼；除外侧的指、趾外，均有锐利的长爪，四肢均不能缩入腹甲。头部背面具深棕色的细条纹；背甲棕褐色且有细纹、黄小点；腹甲呈橄榄色，每个盾片周围的横纹及纵纹均有平行的同心纹；四肢背面棕褐色，腹面灰色；尾背面棕褐色，腹面黄色。

分布范围：广布于临安境内，主要栖息于山涧清澈的溪流、沼泽地。

保护价值：有重要科学研究价值。

28. 黄缘闭壳龟 | *Cuora flavomarginata* (Gray)
龟鳖目 龟科

别　　名：克蛇龟、夹板龟、驼背龟、金钱龟、金头龟。

保护级别：浙江省重点保护野生动物。

形 态 特 征：雄性：头长 4.0~5.5cm，背甲长 12.4~17.9cm，尾长 3.3~4.9cm；雌性：头长 4.1~6.0cm，背甲长 11.0~16.8cm，尾长 3.2~4.7cm。头部光滑，吻前端平，上喙有明显的勾曲；眼大，鼓膜圆而清晰，下颌口角处两侧均有 3 颗小突起。颈部细长明显；背甲为深色高拱形；背甲与腹甲几乎等长，椭圆形，各盾片有清晰的同心纹，中心位于外下角。喉盾呈三角形，胸盾长方形，腹盾略成方形，臀盾后缘钝圆形，胸腹盾之间具韧带，前后半可完全闭合。四肢上鳞片发达，爪前 5 后 4，有不发达的蹼；尾适中。当头尾及四肢缩入壳内时，腹甲与背甲能紧密地闭合。头背部棕绿色，吻黄色，眼后两侧各有 1 条金黄色条纹达枕部，喉部橘黄色，腹甲棕褐色，边缘米黄色。

分布范围：广布于临安境内，主要栖息于丘陵山区离水源较近的溪流旁、杂草丛、灌木丛或石缝处。

保护价值：有重要科学研究价值。

29. 脆蛇蜥 | *Ophisaurus harti* Boulenger
有鳞目　蛇蜥科

别　　名： 金蛇、银蛇、金星地鳝、碎蛇。

保护级别： 浙江省重点保护野生动物。

形态特征： 脆蛇蜥四肢退化，通身细长如蛇。雄性：头体长 20.6~21.0cm，尾长 31.0~32.8cm；雌性：头体长 19.0~19.3cm，尾长 30.8~31.6cm。吻鳞呈三角形，顶间鳞较顶鳞宽；眼小，眼径约为吻长之半；耳孔较鼻孔为小。上唇鳞 10 片，下唇鳞 9 片；背鳞 16 行，中央 10~12 行明显起棱，前后连续成明显的纵嵴；腹鳞 10 行，光滑无棱；尾部鳞片均起棱。体侧各有一纵行浅沟。背面棕褐色，雄性背面有闪金属光泽的翡翠色短横斑或点斑；腹面黄白色，有的尾下散有棕色点斑。

分布范围： 广布于临安境内，主要栖息于海拔 1 300m 以下山区落叶层及疏松的土壤。

保护价值： 有重要科学研究价值。

30. 宁波滑蜥 | *Scincella modesta* Guenther
有鳞目 石龙子科

保护级别： 浙江省重点保护野生动物。

形态特征： 宁波滑蜥体型细长，尾部比头体稍长。雄性：头体长 3.7~4.6cm，尾长 3.9~5.1cm；雌性：头体长 3.8~4.8cm，尾长 3.6~4.9cm。头明显宽于颈部，吻短钝；鼻孔卵圆形，开口于鼻鳞中央；耳孔深陷，大小与眼径几相等。眶上鳞 4 片；颊鳞 2 片；上唇鳞 7 片；肛鳞 2 片。通体鳞片光滑无棱，呈覆瓦状排列；体背鳞片约为体侧鳞片宽的 2 倍；环体中段鳞 26~30 行。指、趾短，前后肢贴体相向时，指、趾互不相遇。背部一般为古铜色，可随温度和光照变化而发生变化；腹面色彩多样，雄性的一般是青黄色至鹅黄色，而雌性则是灰黄色且带粉红色。

分布范围： 天目山，清凉峰，天目山镇，龙岗镇，清凉峰镇。栖息于海拔较低的平原及山地阴湿草丛、荒石堆或石壁裂缝处。

保护价值： 中国特有物种。有重要科学研究价值。

31. 钩盲蛇 | *Indotyphlops braminus* (Daudin)
有鳞目　盲蛇科

别　　名：地鳝、铁丝蛇。

保护级别：浙江省重点保护野生动物。

形态特征：钩盲蛇体细小，体长 7.1~15.3cm。吻端钝圆，吻鳞长卵圆形，鼻鳞裂为前后 2 片，鼻孔位于中央；眼睛退化成感光眼点，呈黑点状，位于眼鳞下方；上唇鳞 4 片，第一片最小，第四片最大。周身被大小一致的覆瓦状排列的圆鳞，体鳞 20 行；没有腹鳞的分化；尾短呈钝形，尾端有一枚很细小的尖鳞。头部与尾巴两端外表极其相像，从头到尾粗细相似。全身为亮灰色、紫色、黑褐色或褐色。

分布范围：清凉峰，龙岗镇，清凉峰镇。栖息于地下蚁巢、落叶堆或岩缝间等阴暗潮湿的地方。

保护价值：无毒性蛇类。有重要科学研究价值。

32. 王锦蛇 | *Elaphe carinata* (Guenther)
有鳞目 游蛇科

别　　名：菜花蛇、王蛇、黄蟒蛇、棱锦蛇。

保护级别：浙江省重点保护野生动物。

形态特征：王锦蛇体型粗大，全长可达250cm，身体圆筒形，体重可达5 000~10 000g。瞳孔圆形；前额鳞与鼻间鳞等长；颊鳞1（2）片；眼前鳞1片，眼后鳞2片；颞鳞2+2（3）片；上唇鳞8（7）片，下唇鳞11（10）片；背鳞23-23-19行，除最外2行平滑外，其余均强烈起棱；腹鳞210~224片；尾下鳞65~99对；肛鳞2分。头部有"王"字样的黑斑纹；头部、体背鳞缘为黑色，中央呈黄色，似油菜花；体前段具有30余条黄色的横斜斑纹，到体后段逐渐消失。腹面为黄色，并伴有黑色斑纹。

分布范围：广布于临安境内。主要栖息于山地、平原的河边、库区及田野等。

保护价值：无毒性蛇类。有重要科学研究价值。

33. 玉斑蛇 | *Elaphe mandarinus* (Cantor)
有鳞目 游蛇科

别　　名: 美女蛇、神皮花蛇、玉带蛇。

保护级别: 浙江省重点保护野生动物。

形态特征: 玉斑蛇体型中等,全长100cm左右,尾长约为全长的1/5。眼前鳞1片,眼后鳞2片;颊鳞1片;颞鳞2(1)+3(2)片;上唇鳞7(8)片,下唇鳞9(10)片。背鳞23-23-19行,平滑;腹鳞181~238片;肛鳞二分;尾下鳞53~75对。头背部黄色,具有典型的黑色倒"V"字形套叠斑纹;背面紫灰或灰褐色,有30~40个等距排列的黑色大菱斑,菱斑中心黄色;腹面灰白色,散有长短不一、交互排列的黑斑。

分布范围: 广布于临安境内。主要栖息于海拔300~1 500m的山区林中、溪边和草丛,也常出没于居民区及其附近。

保护价值: 无毒性蛇类。有重要科学研究价值。

34. 黑眉晨蛇 | *Elaphe taeniurus* (Cope)
有鳞目　游蛇科

别　　名： 眉蛇，家蛇，黄颔蛇，似鳗蛇。

保护级别： 浙江省重点保护野生动物。

形态特征： 黑眉晨蛇体型粗大，体长 170~250cm。上唇鳞 9（8）片，下唇鳞 9（12）片；颊鳞 1 片，眼前鳞 1（2）片，眼后鳞 2（3）片，背鳞 25－25－19 行，背中央 9~17 行起棱；腹鳞 225~279 片，尾下鳞 84~125 对。头和体背黄绿色或棕灰色；体背的前、中段有黑色梯形或蝶状斑纹，略似秤星；由体背中段往后斑纹渐趋隐失，但有 4 条清晰的黑色纵带直达尾端；腹部灰黄色或浅灰色，腹鳞及尾下鳞两侧具黑斑。眼后又 2 条明显的黑色斑纹延伸至颈部，状如黑眉。

分布范围： 广布于临安境内，主要栖息于森林、草地、田园及村舍附近。

保护价值： 无毒性蛇类。有重要科学研究价值。

35. 滑鼠蛇 | *Ptyas mucosa* (Linnaeus)
有鳞目 游蛇科

别　　名：乌肉蛇、草锦蛇、长标蛇、水律蛇、笋壳蛇。

保护级别：浙江省重点保护野生动物。

形态特征：滑鼠蛇体型粗大，体长 150~200cm。头较长，眼大而圆，瞳孔圆形；颊部略内凹，一般上唇鳞 8 片，下唇鳞 10（9）片，颊鳞 3 片，眼前鳞 2（3）片，眼后鳞 2（3）片，背鳞 19-17-14 行，仅后背中央起棱；腹鳞 187~198 片；尾下鳞 100~118 对。头部黑褐色，体背黄褐色，体后部有不规则的黑色横纹，横斑至尾部形成网纹；唇鳞淡灰色，其后缘黑色；腹部黄白色，腹鳞后缘黑色。

分布范围：广布于临安境内。主要栖息于海拔 1 200m 以下的山区、丘陵、平原地带近水的地方。

保护价值：无毒性蛇类。有重要科学研究价值。

36. 舟山眼镜蛇 | *Naja atra* (Cantor)
有鳞目 眼镜蛇科

别　　名：饭铲头、犁头扑、犁铲头。

保护级别：浙江省重点保护野生动物。

形态特征：舟山眼镜蛇体型粗大，全长可达 120~250cm。吻鳞的宽比高大 1/2 倍；鼻间鳞与眼前鳞不相接；颊鳞缺。上唇鳞 7（6）片，下唇鳞 8（9）片。鼻鳞分为前后 2 片，鼻孔介于其间。眼前鳞 1 片；眼后鳞 2（3）片。体鳞光滑，斜行；背鳞 23（25）－19（21）－13（15）行，腹鳞 162~178 片，尾下鳞 38~51 对。颈部间的肋骨能运动，使颈部骤然膨大。上颌骨较短，前端具有沟牙；颈部皮褶，其肋骨可扩张形成兜帽状；颈背面有白色或淡黄色眼镜状斑纹。头体背棕褐、黑褐、灰黑至深黑色；背及尾部具有狭窄的白色或淡黄色环纹 15~16 个。腹面呈灰白或灰黑色，其中或杂有微小的黑点。

分布范围：广布于临安境内，主要栖息于平原、丘陵地带，多见于村庄附近。

保护价值：神经性剧毒蛇类。有重要科学研究价值。

37. 尖吻蝮 | *Deinagkistrodon acutus* (Guenther)
有鳞目　蝰科

别　　名：百步蛇、五步蛇、蕲蛇、白花蛇。

保护级别：浙江省重点保护野生动物。

形态特征：尖吻蝮体型粗大，全长 120~200cm。头大，呈三角形。吻端由鼻间鳞与吻鳞尖出形成一上翘的突起；鼻孔与眼之间有一椭圆形颊窝。上唇鳞 7 片，下唇鳞 11（10）片，颊鳞 3（4）片，眼前鳞 3（2）片，眼后鳞 2 片，背鳞 21（23）－21（23）－17（19）行，最外 1~3 行弱鳞，其余均起强棱并具有鳞孔，棱的后半部隆起成嵴；腹鳞 157~171 片；尾下鳞 52~60 对，末端鳞片角质化，形成一尖出硬物，称"佛指甲"。头与颈部可明显区分，有长管牙，颈部背面有白色眼镜架状斑纹，咽喉部有排列不规则的小黑点。头侧土黄色，体背棕褐色或稍带绿色，具灰白色大方形斑块 17~19 个，尾部 3~5 个，此斑由左右两侧大三角斑在背正中合拢形成，斑块边缘色深；腹面乳白色，腹部中央和两侧有大黑斑。

分布范围：广布于临安境内，主要栖息在海拔 800m 以下的山谷溪涧附近的岩石上、落叶间或草丛中。

保护价值：血循性剧毒蛇。有重要科学研究价值。

鸟 类

　　鸟类属于脊索动物门脊椎动物亚门，体表密布羽毛，善于空中飞行，是日常生活中最常见的脊椎动物类群。鸟类遍布自然界各种不同的生境，是自然生态系统的重要组成部分，在监测自然环境变化、维持自然生态系统平衡方面具有重要作用。全世界已知鸟类 10 000 余种，我国已记录 1 400 余种。

　　根据天目山国家级自然保护区、清凉峰国家级自然保护区和青山湖国家森林公园野生动物资源多年调查结果以及临安境内其他调查、监测结果和历史文献，整理、统计临安野生鸟类中省级及省级以上保护级别鸟类 15 目 24 科 100 种，列入国家 I 级重点保护名单的有 4 目 4 科 4 种，II 级重点保护名单的有 9 目 12 科 48 种，列入省级重点保护名单的有 8 目 13 科 48 种。

38. 勺鸡 | *Pucrasia macrolopha* (Lesson)
鸡形目 雉科

别　　名： 山鸡。

保护级别： 国家 II 级重点保护野生动物。

形态特征： 勺鸡属中型雉类，体长 45~63cm，雌雄异形异色。雄鸟头部暗绿色，具发辫状羽冠。颈部两侧各具一大形白斑，上背皮黄色。体羽呈披针形，灰白色，具黑色纵纹；尾相对短，尾上覆羽及中央尾羽灰褐色，羽缘灰色，外侧尾羽灰色；翅上覆羽、飞羽黑褐色，夹杂棕褐色虫蠹状细斑。下体自喉部至下腹中央形成一条栗红色宽带；体侧与上体相似，但灰色较淡，黑纹较窄。

雌鸟体型较小，羽冠较短，羽端棕褐；眼后具宽阔的棕白色眉纹，向后延伸至后颈；颈侧具白斑，与眉纹间为黑色颚纹。体羽大都棕褐色，密布黑褐色虫蠹状斑，上背黑斑特大而显著；尾上覆羽与下背同色，但中央具粗大黑斑或“V”形黑纹。两翅覆羽与背略同，但棕褐色较淡，黑斑较少；飞羽与雄鸟相同。下体自喉至下腹包括两胁，大都淡栗黄色，夹杂黑色条纹。尾下覆羽栗红色。

虹膜褐色，嘴暗褐色，脚灰褐色。

分布范围： 天目山、清凉峰、天目山镇、太湖源镇、龙岗镇、湍口镇。留鸟，偶见。主要栖息于针阔混交林，密生灌丛的坡地，山脚灌丛，开阔的多岩林地，松林及杜鹃林。

保护价值： 自然环境变化的指示性动物之一，具有重要的生态、科研价值。

39. 白鹇 | *Lophura nycthemera* (Linnaeus)
鸡形目 雉科

别　　名：白山鸡、白锦鸡。

保护级别：国家Ⅱ级重点保护野生动物。

形态特征：白鹇属大型雉类，体长70~115cm，雌雄异形异色。雄鸟额、头顶、头上羽冠及下体蓝黑色，具金属光泽；脸部裸露，呈鲜红色。上体和两翅白色，密布近"V"字形的黑纹。尾白色，长可达70cm，中央尾羽甚长，几乎纯白色。

雌鸟上体棕褐色；羽冠褐色，先端黑褐色；红色脸部裸出小。飞羽棕褐色，次级飞羽具黑色斑点；中央尾羽棕褐色，外侧尾羽黑褐色，满布白色波状斑。下体亦为棕褐或橄榄褐色，胸以后微缀黑色虫蠹状斑，尾下覆羽黑褐色而具白斑。

虹膜褐色，嘴淡黄色。脚红色，雄鸟具距。

分布范围：天目山、清凉峰、青山湖、锦北街道、锦南街道、青山湖街道、昌化镇、龙岗镇、湍口镇。留鸟，少见。主要栖息于海拔2000m以下的亚热带常绿阔叶林中，尤以森林茂密、林下植物稀疏的常绿阔叶林和沟谷雨林较为常见，亦出现于针阔叶混交林和竹林内。

保护价值：自然环境变化的指示性动物之一，具有重要的生态、科研价值。

40. 白颈长尾雉 | *Syrmaticus ellioti* (Swinhoe)
鸡形目 雉科

别　　名： 山鸡，锦鸡，红山鸡，高山雉鸡。

保护级别： 国家 I 级重点保护野生动物。

形态特征： 白颈长尾雉属大型雉类，雄鸟体长约81cm。额、头顶和枕灰褐色，后颈灰色，颈侧白色。脸裸露，鲜红色，眼上具一短的白色眉纹。颏、喉及前颈黑色，上背和胸棕褐色，具金黄色羽端和黑色中央次端斑；肩羽基部栗色，逐渐变黑，两肩各形成1条宽阔的白带。尾上覆羽和尾羽橄榄灰色，具宽阔的栗色横斑；翅上覆羽赤褐色，覆羽中部横贯以蓝色斑块，大覆羽具黑色横斑和白色羽端。初级飞羽暗褐色；次级飞羽浅栗色而具灰色端缘。腹部白色，胁栗色。

雌鸟体长约45cm。额、头顶和枕栗褐色，头侧、颈侧淡褐色，后颈灰褐；喉和前颈黑色，背黑而具浅栗色横斑和灰褐色羽端。下背至尾上覆羽棕褐色，夹杂黑色和棕色斑；翅上覆羽基部多棕褐色，密布黑斑，端部灰褐色具白缘。初级飞羽、次级飞羽亦暗褐色，具不规则栗色横斑和浅褐色羽端。中央尾羽灰白色而密布栗褐色斑点和横斑，外侧尾羽和尾下覆羽栗色，具黑色次端斑和宽的白色羽端。胸和两胁浅棕褐色，具白色羽端和细小黑斑，其余下体大都白色。

虹膜褐色至浅栗色，嘴黄褐色。脚蓝灰色，雄鸟具距。

分布范围： 天目山、清凉峰、湍口镇。留鸟，偶见。主要栖息于海拔1 000m 以下的低山丘陵地区的阔叶林、混交林、针叶林、竹林和林缘灌丛地带，其中尤以阔叶林和混交林最为主要，冬季有时可下到海拔500m 左右的疏林灌丛地带活动。

保护价值： 我国特有鸟类，列入《濒危野生动植物种国际贸易公约》（CITES）附录 I 自然环境变化的指示性动物之一，具有重要的生态、科研价值。

41. 鸿雁 | *Anser cygnoides* Linnaeus
雁形目 鸭科

别　　名：原鹅，天甲鹅，雁鹅。

保护级别：浙江省重点保护野生动物。

形态特征：鸿雁属大型雁类，体长80~93cm。雌雄相似，雄鸟上嘴基部具一疣状突。雌鸟体型略小，两翅较短，嘴基疣状突不明显。成鸟从额基、头顶到后颈正中央暗棕褐色，额基与喙之间具一棕白色细纹，将喙和额截然分开。头侧、颏和喉淡棕褐色，嘴裂基部具2条棕褐色颚纹。前颈和颈侧白色，与后颈有一道明显界线。前颈下部和胸均呈淡肉红色，向后逐渐变淡，到下腹则全为白色。背、肩、腰、翅上覆羽和三级飞羽暗灰褐色，羽缘较淡或较白，形成明显的白色斑纹或横纹。尾上覆羽暗灰褐色，最长尾上覆羽纯白色，尾羽灰褐色。尾下覆羽亦为白色，两胁暗褐色，具棕白色羽端；翼下覆羽及腋羽暗灰色。亚成鸟上体灰褐色，上嘴基部无白纹。

虹膜褐色，嘴黑色，脚橙黄色或肉红色。

分布范围：青山湖、潜川镇。冬候鸟，少见。主要栖息于开阔平原和平原草地上的湖泊、水塘、河流、沼泽及其附近地区。

保护价值：水生环境变化的指示性动物之一，具有重要的生态、科研价值。

42. 豆雁 | *Anser fabalis* Latham
雁形目 鸭科

别　　名：大雁，天甲鹅，雁鹅。

保护级别：浙江省重点保护野生动物。

形态特征：豆雁属大型雁类，体长70~90cm，整体灰褐色，外形大小和形状似家鹅。两性相似，飞行时较其他灰色雁类色暗而颈长。嘴甲和嘴基黑色，嘴甲和鼻孔之间有一橙黄色横斑沿喙的两侧边缘向后延伸至嘴角。头、颈棕褐色，肩、背灰褐色，具淡黄白色羽缘。翅上覆羽和三级飞羽灰褐色；初级覆羽黑褐色，具黄白色羽缘，初级和次级飞羽黑褐色，最外侧几枚飞羽外翈灰色，尾黑褐色，具白色端斑；尾上覆羽白色，尾下覆羽白色。喉、胸淡棕褐色，腹污白色，两胁具灰褐色横斑。

虹膜棕褐色；脚橙黄色。

分布范围：青山湖。冬候鸟，少见。通常在栖息地附近的农田、草地和沼泽地上觅食。

保护价值：水生环境变化的指示性动物之一，具有重要的生态、科研价值。

43. 灰雁 | *Anser anser* Linnaeus
雁形目 鸭科

别　　名：大雁。

保护级别：浙江省重点保护野生动物。

形态特征：灰雁属大型雁类，体长 75~90cm，整体灰褐色，雌雄相似，雄略大于雌。嘴基有一条窄白纹，繁殖期间呈锈黄色，有时白纹不明显。头顶和后颈褐色；背和两肩灰褐色，具棕白色羽缘；腰灰色，腰的两侧白色，翅上初级覆羽灰色，其余翅上覆羽灰褐色至暗褐色；飞羽黑褐色，尾上覆羽白色，尾羽褐色，具白色端斑和羽缘；最外侧 2 对尾羽全白色。头侧、颏和前颈灰色，胸、腹污白色，杂有不规则的暗褐色斑，由胸向腹逐渐增多。两胁淡灰褐色，羽端灰白色，尾下覆羽白色。幼鸟上体暗灰褐色，胸和腹前部灰褐色，没有黑色斑块，两胁亦缺少白色横斑。

虹膜褐色，嘴粉红色，脚粉红色。

分布范围：青山湖。冬候鸟，少见。常见于富有芦苇和水草的湖泊、水库、河口、草原、沼泽和草地。

保护价值：水生环境变化的指示性动物之一，具有重要的生态、科研价值。

44. 白额雁 | *Anser albifrons* Scopoli
雁形目 鸭科

别　　名：大雁，花斑，明斑。

保护级别：国家 Ⅱ 级重点保护野生动物。

形态特征：白额雁属大型雁类，体长 70~85 cm，整体灰褐色，雌雄相似。额和上嘴基部具一白色宽斑，白斑后缘黑色。头顶和后颈暗褐色；背、肩、腰暗灰褐色，具淡色羽缘。翅上覆羽和三级飞羽暗灰褐色，初级覆羽灰色，外侧次级覆羽灰褐色；初级飞羽黑褐色；尾羽黑褐色，具白色端斑；尾上覆羽白色；前颈、头侧和上胸灰褐色，向后逐渐变淡。腹污白色，杂有不规则的黑色斑块，两胁灰褐色，尾下覆羽白色。幼鸟和成鸟相似，但额上白斑小或没有，腹部的黑色块斑较小。

虹膜暗褐色，嘴粉红色，脚橘黄色。

分布范围：青山湖。冬候鸟，少见。主要栖息在开阔的湖泊、水库、河湾、海岸及其附近开阔的平原、草地、沼泽和农田。

保护价值：水生环境变化的指示性动物之一，具有重要的生态、科研价值。

45. 小白额雁 | *Anser erythropus* Linnaeus
雁形目 鸭科

别　　名：弱雁。

保护级别：浙江省重点保护野生动物。

形态特征：小白额雁属中型雁类，体长 53~66cm，雌雄相似，嘴、颈较短。嘴肉色或玫瑰肉色，嘴甲淡白色，喙基和额部有显著的白斑，一直延伸到两眼之间的头顶部，白斑后缘黑色。虹膜深褐色，眼圈金黄色。颏、喉灰褐色，颏前端具一小白斑。头顶、后颈和上体暗褐色，前颈、上胸暗褐色，下胸灰褐色，具棕白色端缘；翅上覆羽外侧灰褐色，内侧暗褐色，飞羽除外侧几枚初级飞羽外翈为灰褐色，余全为黑褐色；上体各羽缘黄白色，尾上覆羽白色，尾羽暗褐色，具白色端斑。腹白色而杂以不规则黑色斑块；两胁灰褐色，具黄白色羽缘，尾下覆羽白色。脚橘黄色。幼鸟体色较成鸟淡，嘴肉色，嘴甲黑色，额上无白斑，腹亦无黑色斑块。

分布范围：青山湖。冬候鸟，罕见。多栖息于开阔的湖泊、江河、水库、海湾、开阔的草地。

保护价值：国际濒危鸟种，水生环境变化的指示性动物之一，具有重要的生态、科研价值。

46. 小天鹅 | *Cygnus columbianus* Ord
雁形目 鸭科

别　　名：短嘴天鹅，啸声天鹅，白鹅。

保护级别：国家 II 级重点保护野生动物。

形态特征：小天鹅属大型游禽，体长 110~150cm。外形和大天鹅相似，但体型明显较大天鹅小，颈和喙亦较大天鹅短。嘴黑色，上嘴基部黄色，黑斑大，黄斑小，黄斑仅限于基部两侧，向前不延伸到鼻孔之下。虹膜棕色。两性同色，雌体略小，成鸟全身羽毛白色，仅头顶至枕部常略沾棕黄色。脚、蹼和爪黑色。幼鸟全身淡灰褐色，嘴基粉红色，嘴端黑色。

分布范围：青山湖、龙岗镇、河桥镇、潜川镇。冬候鸟，偶见。栖息于开阔的湖泊、水塘、沼泽、河流、海滩及河口地带。

保护价值：水生环境变化的指示性动物之一，具有重要的生态、科研价值。

47. 大天鹅 | *Cygnus cygnus* Linnaeus
雁形目 鸭科

别　　名： 天鹅、黄嘴天鹅。

保护级别： 国家Ⅱ级重点保护野生动物。

形态特征： 大天鹅属大型游禽，体长120~160cm，颈部较长。嘴黑色，上嘴基部黄色，黄色区域两侧向前延伸至鼻孔之下，喙端黑色。虹膜暗褐色。全身羽毛颜色雪白，雌雄同色，雌较雄略小，仅头稍有棕黄色。腿部较短，脚、蹼、爪黑色。幼鸟、亚成鸟全身羽色灰褐色，尤其头颈部羽色较暗，下体、尾和飞羽较淡，嘴基部粉红色，嘴端黑色。

分布范围： 湍口镇（洪岭）。冬候鸟，罕见。栖息于大型湖泊、水库、水塘、河流、海滩和开阔的农田。

保护价值： 水生环境变化的指示性动物之一，具有重要的生态、科研价值。

48. 赤麻鸭 | *Tadorna ferruginea* Pallas
雁形目 鸭科

别　　名：黄鸭。

保护级别：浙江省重点保护野生动物。

形态特征：赤麻鸭属大型鸭类，外形似雁，体长 51~68cm。雄鸟头顶棕白色；颊、喉、前颈及颈侧淡棕黄色；下颈基部在繁殖季节有一窄的黑色领环；胸、上背及两肩均赤黄褐色；下背稍淡；腰羽棕褐色，具暗褐色虫蠹状斑；尾和尾上覆羽黑色；翅上覆羽白色，微有棕色；小翼羽及初级飞羽黑褐色，次级飞羽外翈辉绿色，形成鲜明的绿色翼镜，三级飞羽外侧 3 枚外翈棕褐色。下体棕黄褐色，上胸、下腹及尾下覆羽色泽最深；腋羽和翼下覆羽白色。

雌鸟羽色和雄鸟相似，但体色稍淡，头顶和头侧几乎白色，颈基无黑色领环。幼鸟似雌鸟，色稍灰褐，特别是头部和上体。

虹膜暗褐色，嘴、脚黑色。

分布范围：青山湖。冬候鸟，偶见。栖息于开阔草原、湖泊、农田等环境中，多见于内地湖泊及河流。

保护价值：水生环境变化的指示性动物之一，具有重要的生态、科研价值。

49. 鸳鸯 | *Aix galericulata* Linnaeus
雁形目 鸭科

别　　名：匹鸟，官鸭。

保护级别：国家Ⅱ级重点保护野生动物。

形态特征：鸳鸯属中型鸭类，体长38~45cm，雌雄异形。雄鸟额和头顶中央翠绿色，具金属光泽；枕部铜赤色，与后颈暗紫绿色长羽组成羽冠。白色眉纹长而宽，向后延伸构成羽冠一部分。眼先淡黄色，颊部具棕栗色斑，眼上方和耳羽棕白色，颈侧具长矛形的栗色领羽。背、腰暗褐色，具铜绿色金属光泽；内侧肩羽紫色，外侧数枚纯白色，并具绒黑色边；翅上覆羽与背同色。初级飞羽暗褐色，次级飞羽褐色，具白色羽端，三级飞羽黑褐色，与内侧次级飞羽组成蓝绿色翼镜，最后1枚三级飞羽扩大成扇状，直立如帆，栗黄色。尾羽暗褐色而带金属绿色。颏、喉纯栗色。上胸和胸侧暗紫色，下胸至尾下覆羽乳白色，下胸两侧绒黑色，具2条白色斜带，两胁近腰处具黑白相间的横斑，其后两胁为紫赫色。

雌鸟头和后颈灰褐色，无冠羽，眼周白色，其后一条白纹与眼周白圈相连，形成特有的白色眉纹。上体灰褐色，两翅和雄鸟相似，但无金属光泽和帆状直立羽。颏、喉白色。胸、胸侧和两胁暗棕褐色，杂有淡色斑点。腹和尾下覆羽白色。

虹膜褐色。嘴雄鸟暗红色，尖端白色；雌鸟褐色，嘴基白色。脚橙黄色。

分布范围：青山湖、于潜镇、昌化镇、龙岗镇、岛石镇、河桥镇、潜川镇、太湖源镇。冬候鸟，少见。主要栖息于山地森林河流、湖泊、水塘和芦苇沼泽中。

保护价值：水生环境变化的指示性动物之一，具有重要的生态、科研价值。

50. 赤膀鸭 | *Mareca strepera* (Linnaeus)
雁形目　鸭科

别　　名：漠凫。

保护级别：浙江省重点保护野生动物。

形态特征：赤膀鸭属中型鸭类，体长 44~55cm。雄鸟繁殖羽前额棕色，头顶棕色杂有黑褐色斑纹；头侧及头上部浅白色，密布褐色斑点。自喙基经眼到耳区有 1 条暗褐色贯眼纹。后颈暗褐色；上背和两肩具波状白色细斑，长肩羽边缘棕色，下背暗褐色。尾羽灰褐色，具白色羽缘。覆羽淡褐色或棕栗色；初级飞羽暗褐色，次级飞羽灰褐色，翼镜黑白二色。喉及前颈上部棕白色，具褐色斑；颈部领圈棕红色，后颈中部断开。前颈下部及胸暗褐色，具星月形白斑；腹白色，下腹微具褐色细斑。两胁褐色较浅。雄鸟非繁殖羽似雌鸟。

雌鸟上体暗褐色，具浅棕色边缘；上背和腰羽色近黑色；翅上覆羽和飞羽暗灰褐色，覆羽白色羽缘，飞羽棕色羽缘，翼镜黑白两色，翅上亦无棕栗色斑。头和颈侧浅棕白色，具褐色细纹；喉棕白色，无褐色细纹，其余下体白色或棕白色，除上腹外均密布褐色斑；胸和两胁尤为明显。幼鸟似雌鸟，但翅覆羽无棕栗色，翼镜黑色部分为灰褐色，白色部分为灰棕色，腹部密布褐色斑。

虹膜暗棕色。嘴雄鸟黑色，雌鸟橙黄色，嘴峰黑色。脚橙黄色或棕黄色。

分布范围：青山湖、潜川镇。冬候鸟，少见。栖息和活动在江河、湖泊、水库、河湾、水塘和沼泽等内陆水域。

保护价值：水生环境变化的指示性动物之一，具有重要的生态、科研价值。

51. 罗纹鸭 | *Mareca falcate* (Georgi)
雁形目　鸭科

别　　名：葭凫，扁头鸭，镰刀鸭。

保护级别：浙江省重点保护野生动物。

形态特征：罗纹鸭属中型鸭类，体长40~52cm。雌雄异形。雄鸟头顶栗色，头、颈两侧及后颈冠羽铜绿色。前额基部具一小白斑。上背和两胁灰白色，满布暗褐色波状细纹；下背和腰暗褐色；尾上覆羽黑色；尾短，褐灰色。翅上覆羽淡灰褐色，大覆羽具白色端斑。翼镜绿黑色，前后缘具细窄白边；三级飞羽细长弯曲呈镰刀状。喉及前颈白色，前颈基部具一黑带。下体白色而缀棕灰色，胸部密布新月形暗褐色斑，腹部杂以黑褐色波状横斑；尾下覆羽两侧乳黄色，在尾侧形成鲜明的三角形黄斑。两胁灰白色，具黑褐色波状细纹。雄鸟非繁殖羽似雌鸟。

雌鸟头顶和后颈黑褐色，夹杂浅棕色条纹；头、颈两侧黑褐色，具浅棕色纵纹；喉及前颈白色，密布暗褐色短纹。背和两肩黑褐色，具"V"形棕色斑和棕白色羽缘；尾上覆羽暗褐色，具棕白色斑纹；尾淡褐色，具淡色边缘；翅上覆羽淡褐色，翼镜绿黑色，不如雄鸟鲜亮，前后缘亦有白边；飞羽黑褐色，具棕白色狭边。胸、腹棕白色。胸部棕色较浓，密布暗褐色新月形和点滴状斑，两胁棕白色具褐色斑，尾下覆羽棕白色，具褐色点状斑。幼鸟似雌鸟。

虹膜褐色，嘴黑褐色，脚橄榄灰色。

分布范围：青山湖、潜川镇。冬候鸟，少见。主要栖息于江河、湖泊、河湾、河口及其沼泽地带。

保护价值：水生环境变化的指示性动物之一，具有重要的生态、科研价值。

52. 赤颈鸭 | *Mareca penelope* (Linnaeus)
雁形目 鸭科

别　　名：赤颈凫，红头。

保护级别：浙江省重点保护野生动物。

形态特征：赤颈鸭属中型鸭类，体长 41~52cm。雄鸟额至头顶乳黄色或棕白色，其余头部和颈棕红色，具少许黑色斑点。上体灰白色，夹杂暗褐色波状细纹。小覆羽灰褐色，具白色蠹状斑，初级覆羽暗褐色，其余覆羽纯白色，大覆羽具黑色端斑；翼镜翠绿色，前后边缘具黑色宽边。初级飞羽暗褐色；三级飞羽第一枚暗褐色，外翈白边形成翼镜内侧宽阔白边，其余外翈绒黑色，具白色狭边。尾羽及尾上覆羽和尾下覆羽黑色。颏和喉的中部暗褐色，胸及两侧棕灰色，胸前部缀有褐色斑点。腹纯白色，两胁灰白色，翼下覆羽白色，夹杂淡褐色细纹。雄鸟非繁殖羽似雌鸟。

雌鸟头顶和后颈黑褐色，两侧棕色，缀有细小褐色斑点或条纹。上体暗褐色，翅上覆羽大多淡褐色，飞羽黑褐色，具白色边缘。翼镜灰褐色，前后及内侧均具白边。尾外侧羽缘白色。颏、喉污白色，密布褐色斑点。胸及两胁棕色，稍具暗色斑；腹白色，尾下覆羽和翼下覆羽以及腋羽白色而具褐色斑。

虹膜棕褐色。嘴灰蓝色，端部黑色。脚灰褐色。

分布范围：青山湖。冬候鸟，少见。主要栖息于江河、湖泊、水塘、河口、海湾、沼泽等各类水域中，尤其喜欢在富有水生植物的开阔水域中活动。

保护价值：水生环境变化的指示性动物之一，具有重要的生态、科研价值。

53. 绿头鸭 | *Anas platyrhynchos* Linnaeus
雁形目 鸭科

别　　名： 大绿头，大麻鸭，绿头枪，大红腿鸭。

保护级别： 浙江省重点保护野生动物。

形态特征： 绿头鸭属大型鸭类，体长 55~70cm，雌雄异形。雄鸟头、颈绿色，具金属光泽，颈基有一白色领环。上背和两肩褐色，密布灰白色波状细斑，羽缘棕黄色；尾上覆羽黑色，具绿色光泽。中央两对尾羽黑色，向上卷曲成钩状，外侧尾羽灰褐色，具白色羽缘，最外侧尾羽大都灰白色。两翅灰褐色，翼镜呈金属紫蓝色，前后缘各具一黑色窄纹和白色宽边。上胸浓栗色，具浅棕色羽缘；下胸和两胁灰白色，杂以细密的暗褐色波状纹。腹部淡色，亦密布暗褐色波状细斑。

雌鸟头顶至枕部黑色，具棕黄色羽缘；头侧、后颈和颈侧浅棕黄色，杂有黑褐色细纹；贯眼纹黑褐色。上体黑褐色，具棕黄或棕白色羽缘，形成明显"V"形斑；尾羽淡褐色，羽缘淡黄白色；两翅似雄鸟，具紫蓝色翼镜；前颈浅棕红色，其余下体浅棕色或棕白色，杂有暗褐色斑或纵纹。幼鸟似雌鸟，但喉较淡，下体白色，具黑褐色斑和纵纹。

虹膜棕褐色。雄鸟嘴黄绿色或橄榄绿色，嘴甲黑色；脚橙红色。雌鸟嘴黑褐色，嘴端暗棕黄色；脚橙黄色。

分布范围： 青山湖、于潜镇、昌化镇、龙岗镇、河桥镇、潜川镇。冬候鸟，少见。主要栖息于水生植物丰富的湖泊、河流、池塘、沼泽等水域中，冬季和迁徙期间也出现于开阔的湖泊、水库、江河、沙洲和海岸附近沼泽和草地。

保护价值： 水生环境变化的指示性动物之一，具有重要的生态、科研价值。

54. 斑嘴鸭 | *Anas zonorhyncha* Swinhoe
雁形目 鸭科

别　　名：夏凫，对鸭，黄嘴尖鸭。

保护级别：浙江省重点保护野生动物。

形态特征：斑嘴鸭属大型鸭类，体长 50~64 cm。雌雄羽色相似，但雌鸟较黯淡。雄鸟额至枕棕褐色，眼线色深，眉纹淡黄白色；眼先、颈侧、喉及颊皮黄色，点缀暗褐色斑点。上背灰褐沾棕，下背褐色；尾羽黑褐色。初级飞羽棕褐色，次级飞羽蓝绿色，近端处黑色，端部白色，形成金属蓝色或金属绿紫色翼镜和翼镜后缘的黑、白边；三级飞羽暗褐色，外缘形成明显白斑。翅上覆羽暗褐色，羽端近白色。胸淡棕白色，杂有褐斑；腹褐色，尾下覆羽黑色，翼下覆羽和腋羽白色。

雌鸟似雄鸟，但上体后部较淡，下体自胸以下均淡白色，杂以暗褐色斑；嘴端黄斑不明显。幼鸟似雌鸟，但上喙大部棕黄色，中部变为黑色，下喙多为黄色，体羽棕色边缘较宽，翼镜前后缘白纹亦较宽，尾羽中部和边缘棕白色，尾下覆羽淡棕白色。

虹膜褐色，外围橙黄色。嘴黑色，端部黄色，繁殖期黄色嘴尖有一黑点。脚橙红色。

分布范围：青山湖、於潜镇、昌化镇、龙岗镇、河桥镇、潜川镇。冬候鸟，部分留鸟，少见。主要栖息在内陆各类大小湖泊、水库、江河、水塘、河口、沙洲和沼泽地带，迁徙期间和冬季也出现在沿海和农田地带。

保护价值：水生环境变化的指示性动物之一，具有重要的生态和科研价值。

55. 针尾鸭 | *Anas acuta* Linnaeus
雁形目 鸭科

别　　名：尖尾鸭，长尾凫。

保护级别：浙江省重点保护野生动物。

形态特征：针尾鸭属大型鸭类，体长 50~65 cm。雄鸟头暗褐色，具棕色羽缘，后颈中部黑褐色；头侧、喉和前颈上部淡褐色，颈前、颈侧白色，呈 1 条白色纵带向下与胸、腹部白色相连。背部密布暗褐色与灰白色相间的波状横斑，肩羽较长，羽端黑，羽缘银灰色或棕黄色。翅上覆羽多灰褐色，飞羽暗褐色，翼镜铜绿色。尾上覆羽与背相同，外侧尾羽灰褐色，中央 2 枚尾羽黑色特别延长，并具金属绿色光泽。下体白色，腹部稍具淡褐色波状细斑；两胁与背同色，较淡；尾下覆羽黑色，前缘两侧具乳黄色带斑。冬羽似雌鸟。

雌鸟头棕色，密布黑色细纹；后颈暗褐色，缀有黑色小斑。上体黑褐色，上背和两肩具棕白色"V"形斑。翅上覆羽褐色，具白色端斑，大覆羽白色端斑特别宽阔，与次级飞羽的白色端斑在翅上形成 2 道明显的白色横带；翼镜褐色。下体皮黄色，前颈具暗褐色细斑；胸和上腹微具淡褐色横斑，至下腹褐斑较为明显和细密；两胁具灰褐色扇贝形斑。尾下覆羽白色。

虹膜褐色，嘴黑色，脚灰褐色。

分布范围：青山湖、潜川镇。冬候鸟，偶见。栖息于各种类型的河流、湖泊、沼泽、盐碱湿地、水塘以及开阔的沿海地带和海湾。

保护价值：水生环境变化的指示性动物之一，具有重要的生态、科研价值。

56. 绿翅鸭 | *Anas crecca* Linnaeus
雁形目 鸭科

别　　名：小凫，巴鸭，沙鸭，半斤头。

保护级别：浙江省重点保护野生动物。

形态特征：绿翅鸭属小型鸭类，体长33~47cm，雌雄异形。雄鸟头和颈深栗色，自眼周往后为宽阔的具明显亮绿色金属光泽、带皮黄色边缘的贯眼纹横贯头部侧面，经耳区向下与另一侧相连于后颈基部，栗色和绿色间形成醒目的分界线。上背、两肩大部分和两胁具黑白相间虫蠹状细斑，肩羽具1道长长的白色条纹。两翅表面多为暗灰褐色；次级飞羽外侧黑色，内侧翠绿色，形成绿色翼镜，翼镜前后缘具2道明显白色带。下体棕白色，胸部满布黑色圆点，两胁具黑白相间的虫蠹状细斑，下腹亦微具暗褐色虫蠹状细斑；尾羽黑褐色，较暗；深色的尾下羽外缘具皮黄色斑块。非繁殖羽似雌鸟，但翼镜前缘白色部分较宽。

雌鸟上体暗褐色，具棕色或棕白色羽缘；下体白色或棕白色，杂以褐色斑点；下腹和两胁具暗褐色斑点。翼镜较雄鸟小，尾下覆羽白色，具黑色羽纹。

虹膜淡褐色，嘴灰褐色或黑色，脚灰褐色。

分布范围：青山湖、昌化镇、龙岗镇、河桥镇、潜川镇。冬候鸟，常见。栖息在开阔的大型湖泊、江河、河口、港湾、沙洲、沼泽和沿海地带。

保护价值：水生环境变化的指示性动物之一，具有重要的生态、科研价值。

57. 琵嘴鸭 | *Spatula clypeata* (Linnaeus)
雁形目 鸭科

别　　名：扁嘴鸭。

保护级别：浙江省重点保护野生动物。

形态特征：琵嘴鸭属大中型鸭类，体长 43~56cm。雄鸟头、颈暗绿色具光泽。背暗褐色，具淡棕色羽缘；上背两侧和外侧肩羽白色，其余肩羽黑褐色，具绿色光泽。尾上覆羽金属绿色，中央尾羽暗褐色，羽缘白色。外侧尾羽白色，具稀疏褐色斑。小覆羽和中覆羽灰蓝色，大覆羽暗褐色，具白色端斑。初级飞羽暗褐色；次级飞羽形成绿色翼镜，翼镜前后缘白色；三级飞羽黑褐色，具绿色光泽和宽阔的白色中央纹。下颈和胸白色，并向上扩展与背两侧的白色相连。两胁和腹栗色，下腹微具褐色波状细斑。尾下覆羽较短，基部白色，具黑色细斑，端部黑色。

雌鸟上体暗褐色，头顶至后颈夹杂浅棕色纵纹，贯眼纹深色。背和腰具淡红色横斑和棕白色羽缘，尾上覆羽和尾羽具棕白色横斑。翅上覆羽多为蓝灰色，羽缘淡棕色。翼镜较小。下体淡棕色，具褐色斑纹。颏、喉和前颈斑纹较细较少，胸部斑纹粗而多，下腹和尾下覆羽具褐色纵纹，两胁具淡棕色和暗褐色相间的"V"形斑。

虹膜雄鸟金黄色，雌鸟淡褐色。嘴雄鸟黑色，雌鸟黄褐色；嘴特长，末端宽大呈铲状。脚橙红色。

分布范围：青山湖。冬候鸟，偶见。栖息于开阔地区的河流、湖泊、水塘、沼泽等水域环境中，也出现于山区河流、高原湖泊、小水塘和沿海沼泽及河口地带。

保护价值：水生环境变化的指示性动物之一，具有重要的生态、科研价值。

58. 白眉鸭 | *Spatula querquedula* (Linnaeus)
雁形目 鸭科

别　　名：巡凫，插田鸭，白眉野水鸡。

保护级别：浙江省重点保护野生动物。

形态特征：白眉鸭属中型鸭类，体长 37~45cm。雄鸟额和头顶黑褐色，其余头、颈淡栗色。白色眉纹宽而长，一直延伸到后颈。上体暗褐色，具淡棕色羽缘。肩羽尖长，呈黑白色；初级飞羽暗褐色，外侧具棕色端斑；次级飞羽形成绿色翼镜，翼镜后缘白色。胸棕黄色，密布暗褐色波状斑纹。上腹棕白色，下腹和两胁棕白色，具暗褐色波状细斑。尾下覆羽棕白色而杂以褐色斑点。

雌鸟头顶至后颈黑褐色，满杂以棕色细纹；眉纹棕白色，贯眼纹黑色，眼下棕白色纹自额基向后延伸至耳区；其余头侧和颈侧棕白色，具细密的暗褐色纹；颏和喉纯白色。上体黑褐色，羽缘淡棕色，翅上覆羽污灰色，大覆羽具宽阔的白色端斑。翼镜灰褐色，绿色光泽不明显。初级飞羽黑褐色。上胸棕色具褐色细斑，下胸棕白色；腹和尾下覆羽灰白色，微具褐色斑点。两胁暗褐色，具淡棕色羽缘。幼鸟似雌鸟，但胸和两肋更多棕色，下体斑纹较多。

虹膜黑褐色。嘴黑褐色，嘴甲黑色。脚灰黑色。

分布范围：青山湖。冬候鸟及旅鸟，偶见。栖息于开阔的湖泊、江河、沼泽、河口、池塘、沙洲等水域中，也出现于山区水塘、河流和海滩上。

保护价值：水生环境变化的指示性动物之一，具有重要的生态、科研价值。

59. 红头潜鸭 | *Aythya ferina* Linnaeus
雁形目 鸭科

别　　名：矶凫，红凤头鸭，红头油鸭。

保护级别：浙江省重点保护野生动物。

形态特征：红头潜鸭属中型潜鸭，体长 42~49cm。雄鸟头和上颈栗红色，下颈和胸棕黑色，颏具一小白斑。两肩、下背、三级飞羽、内侧覆羽以及两胁均淡灰色，缀以黑色波状斑纹。外侧覆羽、初级飞羽灰褐色。腰、尾上和尾下覆羽黑色，尾羽灰褐色。上胸黑色，微具白色羽端，下胸及腹灰色。下腹有不规则的黑色细斑。尾下覆羽和腋羽白色。

雌鸟头、颈棕褐色，上背暗黄褐色，下背、肩及内侧覆羽、三级飞羽灰褐色，具灰白色端斑和杂以细的黑色波状纹。翼镜灰色，腰和尾上覆羽深褐色。颏、喉棕白色。上胸暗黄褐色，下胸和腹灰褐色；下腹、两肋和尾下覆羽灰褐色，夹杂浅褐色横斑。

虹膜雄鸟棕色，雌鸟褐色。嘴灰色，端浅黑色。脚灰色。

分布范围：青山湖。冬候鸟，罕见。主要栖息于富有水生植物的开阔湖泊、水库、水塘、河湾等各类水域中。冬季也常出现在水流较缓的江河、河口和海湾。

保护价值：水生环境变化的指示性动物之一，具有重要的生态、科研价值。

60. 白眼潜鸭 | *Aythya nyroca* Güldenstädt
雁形目 鸭科

别　　名：白眼凫，蜡嘴鸭。

保护级别：浙江省重点保护野生动物。

形态特征：白眼潜鸭属中型潜鸭，体长33~49cm。雄鸟头、颈浓栗色，颏部具三角形小白斑。上体黑褐色，上背和肩具不明显的棕色虫蠹状斑，或棕色端边。次级飞羽和内侧初级飞羽白色，端部黑褐色，形成宽阔的白色翼镜和翼镜后缘的黑褐色横带；外侧初级飞羽端部和羽缘暗褐色；三级飞羽黑褐色，具绿色光泽。腰和尾上覆羽黑色。胸浓栗色，两肋栗褐色，上腹白色，下腹淡棕褐色，肛区两侧黑色，尾下覆羽白色。

雌鸟头棕褐色，头顶和颈较暗，颏部具三角形小白斑，喉部亦杂有白色。上体暗褐色，腰和尾上覆羽黑褐色，背和肩具棕褐色羽缘。两翅同雄鸟，亦具宽阔的白色翼镜。上胸棕褐色，下胸灰白，夹杂不明显的棕色斑。上腹灰白色，下腹褐色，羽缘白色。两肋褐色，具棕色端斑，尾下覆羽白色。幼鸟和雌鸟相似，但头两侧和前颈较淡，较多皮黄色。两肋和上体具淡色羽缘。

虹膜雄鸟白色，雌鸟褐色。嘴蓝灰色或褐色，脚灰色。

分布范围：青山湖。冬候鸟，罕见。主要栖息于河流、湖泊和芦苇沼泽中。繁殖期间主要栖息于开阔地区富有水生植物的淡水湖泊、池塘和沼泽地带，冬季主要栖息于大的湖泊、水流缓慢的江河、河口、海湾和河口三角洲。

保护价值：水生环境变化的指示性动物之一，具有重要的生态、科研价值。

61. 凤头潜鸭 | *Aythya fuligula* Linnaeus
雁形目 鸭科

别　　名：泽凫，凤头鸭，油鸭。

保护级别：浙江省重点保护野生动物。

形态特征：凤头潜鸭属中型潜鸭，体长 40~47 cm。雄鸟头、颈、胸黑色，具紫色光泽。头顶具较长丛生黑色冠羽。背深黑色；下背、肩和翅上覆羽杂有乳白色细小斑点，翼镜白色，后部边缘黑色；尾上和尾下覆羽、尾羽褐色。腹和两胁白色。雄鸟非繁殖羽似雌鸟，但头颈和上体羽色较暗，腹下淡灰褐色，两胁具淡色斑纹。

雌鸟头、颈、胸和整个上体暗褐色，暗褐色羽冠较短，无光泽。额基具不明显白斑。上胸淡褐色，稍具白斑；下胸、腹和两胁灰白色，并具不明显的淡褐色斑，尾下覆羽黑褐色。幼鸟羽色和雌鸟相似，但头和上体淡褐色，具皮黄色羽缘；头顶较暗，虹膜褐色。

虹膜黄色。嘴灰色，嘴甲黑色。脚灰褐色。

分布范围：青山湖、潜川镇。冬候鸟，偶见。栖息于湖泊、河流、水库、池塘、沼泽以及河口等开阔水面。善游泳和潜水，游泳时，尾向下垂于水面。

保护价值：水生环境变化的指示性动物之一，具有重要的生态、科研价值。

62. 斑脸海番鸭 | *Melanitta fusaca* Linnaeus
雁形目 鸭科

别　　名： 奇嘴鸭，海番鸭。

保护级别： 浙江省重点保护野生动物。

形态特征： 斑脸海番鸭属大型鸭类，体长 51~58 cm。雄鸟通体黑褐色，具紫色光泽；翼镜白色。颈、喉、前颈和下体稍棕，眼下及眼后具新月形白斑。嘴橙黄色，基部具黑色肉瘤突起，端部黄且喙侧带粉色。雌鸟全身暗褐色，头、颈棕黑色；嘴灰褐色，基部无突起；眼和喙之间及耳羽上各具大的白块斑。羽端棕色；下体色泽较淡；胸部中央和腹的两侧灰白色。

虹膜雄鸟白色，雌鸟褐色。脚深红色。

分布范围： 潜川镇。冬候鸟，罕见。活动于冰川湖泊、沿海滩涂、内陆淡水河湖和湖沼地区，极善游泳和潜水，除繁殖期外，多见于海洋中。

保护价值： 水生环境变化的指示性动物之一，具有重要的生态、科研价值。

63.普通秋沙鸭 | *Mergus merganser* Linnaeus
雁形目 鸭科

别　　名：秋沙鸭，拉他鸭子。

保护级别：浙江省重点保护野生动物。

形态特征：普通秋沙鸭属大型鸭类，体长54~68cm。喙细长而侧扁，前端尖出具钩，与鸭科其他种类具有平扁的喙形明显不同。雄鸟头和上颈黑褐色，具绿色金属光泽，枕具短而厚的黑褐色羽冠，下颈白色。上背黑褐色，肩羽外侧白色，内侧黑褐色，尾上覆羽灰色，尾羽灰褐色。初级飞羽暗褐色，次级飞羽具窄的黑边，大覆羽和中覆羽白色，小覆羽灰色具白色端斑，形成大的白色翼镜。飞行时翼白而外侧三级飞羽黑色。下体从胸到尾下覆羽均为白色。雌鸟额、头顶、枕和后颈棕褐色，头侧、颈侧以及前颈淡棕色，肩羽灰褐色，翅上次级覆羽灰色，颏、喉白色，微缀棕色，体两侧灰色而具白斑。幼鸟似雌鸟，喉白色一直延伸至胸。

虹膜褐色，嘴暗红色，脚橙红色。

分布范围：青山湖、昌化镇。冬候鸟，偶见。栖息于大的内陆湖泊、江河、水库、池塘以及河口等淡水水域。

保护价值：水生环境变化的指示性动物之一，具有重要的生态、科研价值。

64. 中华秋沙鸭 | *Mergus squamatus* Gould
雁形目 鸭科

别　　名： 鳞胁秋沙鸭。

保护级别： 国家 I 级重点保护野生动物。

形态特征： 中华秋沙鸭属大型鸭类，体长 49~63 cm。喙细长而侧扁，前端尖出具钩，与鸭科其他种类具有平扁的喙形明显不同。雄鸟头和上背及肩羽黑色，羽冠长而明显；尾上覆羽白色，具黑斑；尾灰色；翼镜白色。胸、腹部近白色，两肋羽片白色，具鳞片状黑色纹。脚红色。胸白而别于红胸秋沙鸭，体侧具鳞状纹异于普通秋沙鸭。雌鸟头和颈棕褐色；上背褐色；下背、尾上覆羽由褐色渐变灰色，并具白色横斑；尾黑褐色，沾灰色；下体白色，肩和下体两侧具鳞状纹。亚成鸟似雌鸟，鳞状纹不明显。

虹膜褐色，嘴橘红色。脚雄橘红色，雌橙黄色。

分布范围： 清凉峰、潜川镇。冬候鸟，罕见。栖息于大的内陆湖泊、江河、水库以及河口等淡水水域。

保护价值： 国际濒危鸟类，水生环境变化的指示性动物之一，具有重要的生态、科研价值。

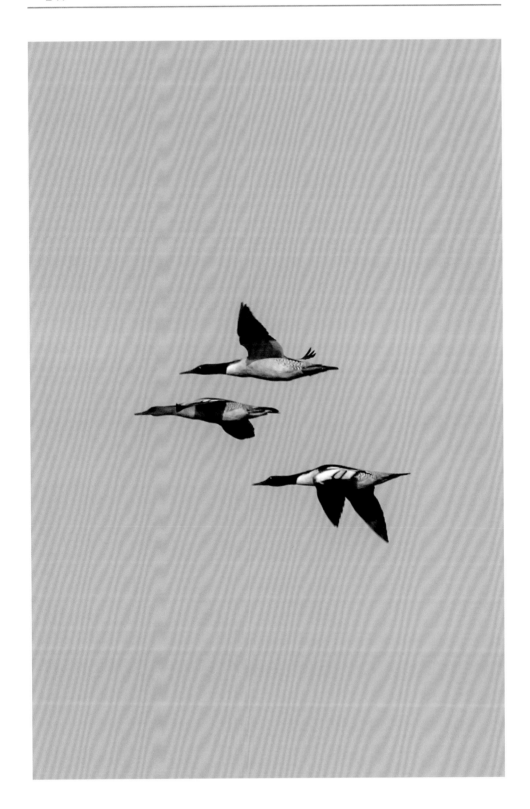

65. 凤头䴙䴘 | *Podiceps cristatus* Linnaeus
| 䴙䴘目　䴙䴘科

别　　名：浪里白。

保护级别：浙江省重点保护野生动物。

形态特征：凤头䴙䴘属中型游禽，全长 50~60cm，雄雌差别不大。眼先、颊白色。虹膜近红色。嘴黄色，又长又尖，细而侧扁，从嘴角到眼睛间为 1 条黑线。嘴峰近黑。下颚基部带红色。颈修长，繁殖期成鸟有显著的黑色羽冠，颈背栗色，上颈具一圈带黑端的棕色鬃毛状饰羽。非繁殖期黑色羽冠不明显，颈上饰羽消失。后颈暗褐色。雏鸟、幼鸟头颈部具数条暗色的纵纹。下体近乎白色而具光泽，上体灰褐色。胸侧和两肋淡棕。翅短，两翅暗褐，杂以白斑。尾羽退化或消失。足位于身体后部，近黑，有蹼，爪钝而宽阔。

分布范围：青山湖。冬候鸟，偶见。栖息于低山和平原地带的江河、湖泊和池塘等水域。

保护价值：水生环境变化的指示性动物之一，具有重要的生态、科研价值。

66. 褐翅鸦鹃 | *Centropus sinensis* (Stephens)
| 鹃形目 杜鹃科

别　　名： 黄蜂，大毛鸡。

保护级别： 国家 II 级重点保护野生动物。

形态特征： 褐翅鸦鹃属大型鹃类，体长 40~52cm。嘴粗厚、黑色，尾长而宽，凸尾。全身体羽黑色，仅上背、翅及翅上覆羽为栗红色。头、颈和胸部具紫蓝色光泽，胸、腹、尾部逐渐转为绿色光泽。初级飞羽和外侧次级飞羽具暗色羽端。冬季上体羽色淡，下体具横斑。亚成鸟上体暗褐色而具红褐色横斑，腰黑褐色夹杂污白色至棕色横斑；尾黑褐色，具多列灰棕色横斑。下体暗褐色，具狭形苍白色横斑。随着幼鸟成长，黑色比例增大，横斑减少。

虹膜成鸟赤红色，幼鸟暗褐色；嘴、脚黑色。

分布范围： 天目山，清凉峰。夏候鸟，罕见。主要栖息于 1 000m 以下的低山丘陵和平原地区的林缘灌丛、稀树草坡、河谷灌丛、草丛和芦苇丛中，也出现于靠近水源的村边灌丛和竹丛等地方，但很少出现在开阔的地带。

保护价值： 自然环境变化的指示性动物之一，具有重要的生态、科研价值。

67. 小鸦鹃 | *Centropus bengalensis* Gmelin
鹃形目 杜鹃科

别　　名：小毛鸡、小乌鸦雉、小雉喀咕、小黄蜂。

保护级别：国家 Ⅱ 级重点保护野生动物。

形态特征：小鸦鹃属中型杜鹃，体长 30~40cm，外形似褐翅鸦鹃，通体黑色，肩和翅栗色，但体型较褐翅鸦鹃小，且翼下覆羽为红褐色或栗色。头、颈、上背及下体黑色，具深蓝色光泽。下背和尾上覆羽淡黑色，具蓝色光泽；尾黑色，具绿色金属光泽和窄的白色尖端；肩、肩内侧和两翅栗色，翅端和内侧次级飞羽较暗褐。幼鸟头、颈和上背暗褐色，腰至尾上覆羽为棕色和黑色横斑相间状，尾淡黑色，具棕色端斑。中央尾羽具棕白色横斑和棕色端斑。下体淡棕白色，胸和两肋暗色，两肋具暗褐色横斑。两翅栗色，翼下覆羽淡栗色，且杂有暗色细纹。

虹膜黑色。嘴黑色，幼鸟黄色。脚黑色。

分布范围：青山湖。夏候鸟，罕见。栖息于低山丘陵和开阔山脚平原地带的灌丛、草丛、果园和次生林中。

保护价值：自然环境变化的指示性动物之一，具有重要的生态、科研价值。

68. 红翅凤头鹃 | *Clamator coromandus* (Linnaeus)
鹃形目 杜鹃科

别　　名：有髻小黄蜂。

保护级别：浙江省重点保护野生动物。

形态特征：红翅凤头鹃属大型杜鹃，体长38~45cm。嘴侧扁，嘴峰弯度较大。头顶具长的黑色羽冠，头侧及枕部黑色具蓝色光泽。后颈白色，形成半领环；背、肩及翼上覆羽，最内侧次级飞羽黑色具金属绿色光泽。尾黑色，具蓝色光泽。尾长，凸尾，中央尾羽均具窄的白色端斑。两翅栗红色。飞羽尖端苍绿色。颏、喉和上胸淡棕褐色；下胸和腹白色，跗跖基部被羽。尾下覆羽黑色，腋羽淡棕色，翼下覆羽淡红褐色。幼鸟上体褐色，具棕色端缘，下体白色。

虹膜棕褐色，嘴黑褐色，脚褐色。

分布范围：天目山、清凉峰。夏候鸟，罕见。主要栖息于低山丘陵和山麓平原等开阔地带的疏林和灌木林中，也见活动于园林和宅旁树上，多单独或成对活动。

保护价值：自然环境变化的指示性动物之一，具有重要的生态、科研价值。

69. 噪鹃 | *Eudynamys scolopaceus* (Linnaeus)
鹃形目 杜鹃科

别　　名：哥好雀，嫂鸟。

保护级别：浙江省重点保护野生动物。

形态特征：噪鹃属大型杜鹃，体长 39~46cm，尾长。雄鸟通体蓝黑色，具蓝色光泽，下体沾绿色。雌鸟上体暗褐色，略具绿色金属光泽，满布整齐的白色小斑点；头部白色小斑点略沾皮黄色，且较细密，常呈纵状排列。背、翅上覆羽及飞羽以及尾羽常呈横斑状排列。颏至上胸黑色，密被粗的白色斑点；其余下体具黑色横斑。雌鸟全身布满白色斑点且尾羽具有规则显著的白色横纹。

虹膜深红色。嘴土黄色或浅绿色，基部较灰暗。脚蓝灰色。

分布范围：清凉峰、青山湖、龙岗镇、河桥镇。夏候鸟，偶见。栖息于山地、丘陵、山脚平原地带林木茂盛的地方，稠密的红树林、次生林、森林、园林及人工林中。

保护价值：自然环境变化的指示性动物之一，具有重要的生态、科研价值。

70. 八声杜鹃 | *Cacomantis merulinus* Scopoli
鹃形目 杜鹃科

别　　名： 八声喀咕、哀鹃、八声悲鹃、雨鹃。

保护级别： 浙江省重点保护野生动物。

形态特征： 八声杜鹃属中小型杜鹃，体长 21~25cm。成鸟灰头棕腹无横纹，亚成鸟全身横纹。雄鸟整个头、颈和上胸灰色，背至尾上覆羽暗灰褐色。肩和两翅表面褐色而具青铜色反光。翼缘白色。尾淡黑色，具白色端斑，外侧尾羽外缘具一系列白色横斑。下胸以下及翼下覆羽淡棕栗色。尾下覆羽黑色，密被窄的白色横斑。雌鸟上体为褐色和栗色相间横斑；颏、喉和胸淡栗色，被以褐色狭形横斑。其余下体近白色，具极细的暗灰色横斑。亚成鸟上体灰褐色，具棕褐色横斑及斑点；尾淡黑色，外侧缀以一系列棕色横斑；颏、喉和胸淡棕色，具淡黑色细横斑和斑点；腹近白色，具黑褐色横斑。

虹膜红褐色。嘴褐色，下嘴基部橙色（夏季）。脚黄色。

分布范围： 青山湖、锦城街道。夏候鸟，罕见。栖息于低山丘陵、草地、山麓平原、耕地和村庄附近的树林与灌丛中。有时也出现于果园、公园、庭园和路旁树上。

保护价值： 自然环境变化的指示性动物之一，具有重要的生态、科研价值。

71. 大鹰鹃 | *Hierococcyx sparverioides* (Vigors)
鹃形目 杜鹃科

别　　名：鹰头杜鹃，大鹰喀咕。

保护级别：浙江省重点保护野生动物。

形态特征：大鹰鹃属大中型杜鹃，体长35~41cm。雌雄外形大体相似，外形似鸽，但稍细长。嘴强，嘴峰稍向下曲。头和颈侧灰色，眼先近白色。颏暗灰色至近黑色，具灰白色髭纹。上体和两翅表面淡灰褐色；初级飞羽内侧具多道白色横斑。尾上覆羽较暗，具宽阔的次端斑和窄的近灰白色或棕白色端斑。尾长阔，凸尾。尾灰褐色，具5道暗褐色和3道淡灰棕色带斑，次端斑棕红，尾端白色；其余下体白色。喉、胸具栗色和暗灰色纵纹，下胸及腹具较宽的暗褐色横斑。亚成鸟颏黑色；上体褐色，具棕色横斑，下体全为淡棕黄色，羽轴具宽的黑色纵纹或斑点，胸侧常具宽的横斑，两胁和覆腿羽具浓黑色横斑。

虹膜橙黄色，幼鸟褐色，眼睑橙色。嘴暗褐色，下嘴端部和嘴裂淡绿色。跗脚浅黄色。

分布范围：天目山、清凉峰、青山湖、锦南街道、锦北街道。夏候鸟，少见。多见于山林中，高至海拔1 600m，冬天常到平原地带活动。

保护价值：自然环境变化的指示性动物之一，具有重要的生态、科研价值。

72. 小杜鹃 | *Cuculus poliocephalus* Latham
鹃形目 杜鹃科

别　　名： 催归、阳雀、阴天打酒喝。

保护级别： 浙江省重点保护野生动物。

形态特征： 小杜鹃属中型杜鹃，体长 24~26cm。雄鸟额、头顶、后颈至上背灰褐色，下背和翅上覆羽灰沾蓝褐色，腰至尾上覆羽蓝灰色，飞羽黑褐色，初级飞羽具白色横斑；尾羽黑色，两侧具白斑，末端白色。头两侧淡灰色，颏灰白色，喉和下颈浅灰色，上胸浅灰褐色，下体余部白色，杂以较宽的黑色横斑；尾下覆羽沾黄，稀疏的杂以黑色横斑。雌鸟额、头顶至枕褐色，后颈、颈侧棕色，杂以褐色，上胸两侧棕色杂以黑褐色横斑，上胸中央棕白色，杂以黑褐色横斑。幼鸟背、翅上覆羽和三级飞羽褐色，杂以棕色横斑和白色羽缘；初级飞羽黑褐色，具棕色斑和白色羽端；腰及尾上覆羽黑色至灰黑色，夹杂浅棕色和白色横斑；尾黑色，具白色斑和白色端斑；下体白色，具褐色横斑。似大杜鹃但体型较小，以叫声最易区分。

虹膜褐色，眼圈黄色。嘴黑色，基部淡黄。脚黄色。

分布范围： 天目山、清凉峰、青山湖、锦城街道、锦北街道。夏候鸟，少见。主要栖息于低山丘陵、林缘地边及河谷次生林和阔叶林中，有时亦出现于路旁、村屯附近的疏林和灌木林。

保护价值： 自然环境变化的指示性动物之一，具有重要的生态、科研价值。

73. 四声杜鹃 | *Cuculus micropterus* Gould
鹃形目 杜鹃科

别　　名：光棍好苦，割麦割谷。

保护级别：浙江省重点保护野生动物。

形态特征：四声杜鹃属中型杜鹃，体长 31~34cm。头顶和后颈暗灰色；后颈、背、腰、翅上覆羽和次级、三级飞羽深褐色。初级飞羽浅黑褐色，内侧具白色横斑；翼缘白色。中央尾羽棕褐色，具宽阔的黑色近端斑，先端微具棕白色羽缘。头侧浅灰，颏、喉、前颈和上胸淡灰色。胸和颈基两侧浅灰色，羽端浓褐色并具棕褐色斑点，形成不明显的棕褐色半圆形胸环。下胸、两胁和腹白色，具宽的黑褐色横斑，横斑间的间距也较大。下腹至尾下覆羽污白色，具黑褐色斑块。雌鸟胸部多褐色，亚成鸟头及上背具偏白的皮黄色鳞状斑纹。叫声为清晰响亮的四声"咕咕咕咕"，最后一声降调。

虹膜暗褐色，眼圈黄色。嘴灰褐色，脚黄色。

分布范围：天目山、清凉峰、青山湖、高虹镇。夏候鸟，偶见。栖息于山地森林和山麓平原地带的森林中，尤以混交林、阔叶林和林缘疏林地带活动较多，有时也出现于农田地边树上。

保护价值：自然环境变化的指示性动物之一，具有重要的生态、科研价值。

74. 中杜鹃 | *Cuculus saturatus* Blyth
鹃形目　杜鹃科

别　　名：中喀咕。

保护级别：浙江省重点保护野生动物。

形态特征：中杜鹃属中型杜鹃，体长 29~34cm。额、头顶至后颈灰褐色；背、腰至尾上覆羽蓝灰褐色；翅暗褐色，翅上小覆羽略沾蓝色。初级飞羽内侧具白色横斑。中央尾羽黑褐色，羽端微具白色，羽轴两侧具有成对排列但不甚整齐的小白斑。外侧尾羽褐色，具成对排列而不整齐的白斑，端缘白斑较大。颏、喉、前颈、颈侧至上胸银灰色，下胸、腹和两胁白色，具宽的黑褐色横斑。雌鸟及亚成鸟头、颈、背棕褐色，密布黑色横斑。下体近灰白色，具褐色横纹。

虹膜褐色，眼圈黄色。嘴铅灰色，脚橘黄色。

分布范围：天目山、清凉峰。夏候鸟，偶见。栖息于山地针叶林、针阔叶混交林和阔叶林等茂密的森林中，偶尔也出现于山麓平原人工林和林缘地带。

保护价值：自然环境变化的指示性动物之一，具有重要的生态、科研价值。

75. 大杜鹃 | *Cuculus canorus* Linnaeus
鹃形目 杜鹃科

别　　名：布谷、郭公。

保护级别：浙江省重点保护野生动物。

形态特征：大杜鹃属中型杜鹃，体长 26~35 cm。额浅灰褐色，头顶、枕至后颈暗银灰色，背暗灰色，腰及尾上覆羽蓝灰色，尾羽黑褐色，羽干两侧具白色斑点，末端具白色端斑。覆羽和飞羽暗褐色。颏、喉、前颈、上胸以及头侧和颈侧淡灰色，腹部近白，夹杂暗褐色细窄横斑，横斑相距 4~5 mm，胸及两胁横斑较宽，向腹和尾下覆羽渐细而疏。棕红色变异型雌鸟为棕色，背部具黑色横斑。幼鸟枕部有白色块斑。

虹膜及眼圈黄色。嘴灰褐色，基部黄色。脚黄色。

分布范围：天目山、青山湖。夏候鸟，偶见。栖息于山地、丘陵和平原地带的森林中，有时也出现于农田和居民点附近高大的乔木树上。

保护价值：自然环境变化的指示性动物之一，具有重要的生态、科研价值。

76. 白鹤 | *Grus leucogeranus* Pallas
鹤形目 鹤科

别　　名：西伯利亚鹤、黑袖鹤。

保护级别：国家 I 级重点保护野生动物。

形态特征：白鹤属大型鹤类，体长 130~140 cm。两性相似，雌性略小。头顶和脸裸露无羽、鲜红色，并生有稀疏的短毛。体羽白色，初级飞羽黑色，次级飞羽和三级飞羽白色，三级飞羽延长成镰刀状，覆盖于尾上，通常在站立时遮住黑色的初级飞羽；飞行时黑色初级飞羽与白色体羽对比明显。脚肉红色。幼鸟头被羽，额和面部无裸露部分。头、颈及上背棕黄色，翅上也有棕黄色但初级飞羽黑色。下体、两胁白色而缀黄褐色。越冬后的亚成体除颈、肩尚有黄色羽外，其余部分羽毛换成白色，与成体相似。

虹膜黄白色，嘴橘黄色，脚粉红色。

分布范围：玲珑街道。冬候鸟，罕见。栖息于开阔平原沼泽草地、苔原沼泽和大的湖泊岸边及浅水沼泽地带。

保护价值：列入《濒危野生动植物种国际贸易公约》（CITES）附录 I。水生环境变化的指示性动物之一，具有重要的生态、科研价值。

77. 白枕鹤 | *Grus vipio* Pallas
鹤形目　鹤科

别　　名： 锅鹤、白顶鹤、红面鹤。

保护级别： 国家 II 级重点保护野生动物。

形态特征： 白枕鹤属大型鹤类，体长 120~150cm。前额、头顶前部、眼先、头侧以及眼周皮肤裸出，鲜红色，其上着生有稀疏的黑色绒毛状羽。耳羽烟灰色，头顶后部、枕部、后颈白色，颊部和喉部白色；喉部白色羽毛宽度向下变窄，呈"V"字形。枕、胸、颈前至颈侧形成由窄变宽的灰褐色条状斑。颈侧、前颈下部及下体呈暗灰褐色，上体灰色。尾羽灰色，末端具宽阔的黑色横斑。初级飞羽、次级飞羽黑褐色，三级飞羽淡灰白色；翅上覆羽为灰白色，初级覆羽黑色，末端白色。

虹膜黄褐色，嘴黄褐色，腿、脚红色。

分布范围： 清凉峰（千顷塘）、青山湖。冬候鸟，罕见。栖息于开阔的平原芦苇沼泽和水草沼泽地带，也栖息于开阔的河流及湖泊岸边以及邻近的沼泽草地，有时出现于农田和海湾地区。

保护价值： 列入《濒危野生动植物种国际贸易公约》（CITES）附录 I。水生环境变化的指示性动物之一，具有重要的生态、科研价值。

78. 灰鹤 | *Grus grus* Linnaeus
鹤形目 鹤科

别　　名：千岁鹤、玄鹤、番薯鹤。

保护级别：国家 II 级重点保护野生动物。

形态特征：灰鹤属中小型鹤类，体长 100~120cm。后趾小而高位，不能与前 3 趾对握。成鸟两性相似，雌鹤略小。前额和眼先黑色，被有稀疏的黑色毛状短羽，冠部几乎无羽，裸出皮肤红色。眼后具白色宽纹穿过耳羽至后枕，再沿颈部向下到上背；身体其余部分为灰褐色，背、腰灰色较深，胸、翅灰色较淡。喉、前颈和后颈灰黑色。初级飞羽、次级飞羽端部、尾羽端部和尾上覆羽为黑色；三级飞羽灰色，先端略黑，且延长弯曲成弓状，其羽端的羽枝分离成毛发状。幼鸟体羽呈灰色但羽端为棕褐色，冠部被羽，无下垂的内侧飞羽；第二年头顶开始裸露，仅被有毛状短羽，上体仍留有棕褐色旧羽。

虹膜褐色。嘴黑绿色，端部偏黄。腿、脚灰黑色。

分布范围：潜川镇。冬候鸟，罕见。栖息于开阔平原、草地、沼泽、河滩、旷野、湖泊以及农田地带，其中尤为喜欢富有水生植物的开阔湖泊和沼泽地带。

保护价值：列入《濒危野生动植物种国际贸易公约》（CITES）附录 II。水生环境变化的指示性动物之一，具有重要的生态、科研价值。

79. **黑嘴鸥** | *Saundersilarus saundersi* (Swinhoe)
鸻形目 鸥科

别　　名： 桑氏鸥。

保护级别： 浙江省重点保护野生动物。

形态特征： 黑嘴鸥属中小型鸥类，体长 29~39 cm，雌雄鸟体色相似。夏羽头及颈上部黑色，颈下部、上背、肩、尾上覆羽、尾羽和下体白色。下背、腰、三级飞羽和翅上覆羽灰色，翅前缘、外侧边缘白色。第一枚至第三枚初级飞羽外侧白色，内侧灰色或灰白色，具宽阔的黑色边缘和黑色尖端；内侧初级飞羽灰色，尖端具黑色斑点；次级飞羽灰色，具宽阔的白色先端。眼上下缘具星月形白斑，并在眼后相连。冬羽和夏羽大致相似，但头白色，眼后耳区有黑色斑点，头顶缀有淡褐色。幼鸟和成鸟冬羽相似，但背微沾褐色。头顶有暗褐色斑，初级飞羽和小覆羽具黑色端斑和羽缘，尾末端黑色。

虹膜、嘴黑色；脚红色，幼鸟褐色。

分布范围： 青山湖。冬候鸟，罕见。主要栖息于沿海滩涂、沼泽及河口地带，内陆水库、湖泊偶见。

保护价值： 水生环境变化的指示性动物之一，具有重要的生态、科研价值。

80. 东方白鹳 | *Ciconia boyciana* Swinhoe
鹳形目 鹳科

别　　名：老鹳。

保护级别：国家 I 级重点保护野生动物。

形态特征：东方白鹳属大型涉禽，体长 110~128cm。喙长而粗壮，基部较厚，往尖端逐渐变细，并且略微上翘。眼周裸露皮肤、眼先和喉朱红色，体羽包括尾在内主要为白色。翅膀宽而长，翅上大覆羽、初级覆羽、初级飞羽和次级飞羽黑色，具绿色或紫色光泽。初级飞羽基部白色，内侧初级飞羽和次级飞羽外侧羽缘和羽尖外，均为银灰色，向内逐渐转为黑色。前颈下部有呈披针形的长羽，在求偶期间能竖直起来。幼鸟和成鸟相似，但飞羽羽色较淡，呈褐色，金属光泽亦较弱。

虹膜粉红色，外圈黑色。嘴黑色，腿、脚鲜红色。

分布范围：清凉峰（千顷塘）、青山湖。冬候鸟，罕见。栖息于开阔而偏僻的平原、草地、湖泊和沼泽湿地。

保护价值：列入《濒危野生动植物种国际贸易公约》（CITES）附录 I。水生环境变化的指示性动物之一，具有重要的生态、科研价值。

81. 白琵鹭 | *Platalea leucorodia* Linnaeus
鹈形目　鹮科

别　　名：篦鹭。

保护级别：国家 Ⅱ 级重点保护野生动物。

形态特征：白琵鹭属大型涉禽，体长 70~95cm。喙长而直，上下扁平，前端扩大成铲状或匙状。眼先、眼周、脸和喉裸出皮肤黄色，自眼先至眼有细黑线。脸部黑色少，白色羽毛延伸过嘴基。夏羽全身白色，头后枕部具长的发丝状橙黄色羽冠，前颈下部具橙黄色颈环，颏和上喉裸露无羽、橙黄色。冬羽和夏羽相似，全身白色，头后枕部无羽冠，前颈下部亦无橙黄色颈环。幼鸟全身白色，第一枚至第四枚初级飞羽具黑褐色端斑，内侧飞羽基部缀有灰褐色。胫下部裸出。

虹膜暗黄色。嘴黑色，端部黄色；幼鸟全为黄色，杂以黑斑。脚黑色。

分布范围：青山湖。冬候鸟，偶见。栖息于河流、湖泊、沼泽、沿海滩涂和海岸等湿地。

保护价值：列入《濒危野生动植物种国际贸易公约》（CITES）附录 Ⅱ。水生环境变化的指示性动物之一，具有重要的生态、科研价值。

82. 卷羽鹈鹕 | *Pelecanus crispus* Bruch
鹈形目 鹈鹕科

保护级别：国家 II 级重点保护野生动物。

形态特征：卷羽鹈鹕属大型游禽，体长 160~180cm。嘴宽大，长而粗，前端具黄色爪状弯钩。上颌灰色，下颌粉红，下侧具橘黄色或淡黄色与嘴等长且能伸缩的大型喉囊。眼浅黄色，虹膜浅黄色，颊部和眼周裸露的皮肤乳黄色或粉色。枕部羽毛延长卷曲。颈部较长，常弯曲成"S"形，缩在肩部。体羽主要为灰白色，翅膀宽大，翼下白色，飞羽黑色，有白色羽缘，夏季腰和尾下覆羽略沾粉红色。尾羽短而宽。腿较短，脚近灰色，4 趾间具蹼。亚成鸟全身灰褐色。

分布范围：青山湖。冬候鸟，罕见。栖息于内陆湖泊、江河与沼泽以及沿海地带等。

保护价值：列入《濒危野生动植物种国际贸易公约》（CITES）附录 I。水生环境变化的指示性动物之一，具有重要的生态、科研价值。

83. 鹗 | *Pandion haliaetus* (Linnaeus)
鹰形目 鹗科

别　　名：鱼鹰、鱼雕。

保护级别：国家Ⅱ级重点保护野生动物。

形态特征：鹗属大型猛禽，体长150~170cm。头部白色，头顶具黑褐色纵纹，枕部羽毛稍呈披针形延长，形成短羽冠。头侧黑色贯眼纹达颈后部，与后颈黑褐色融为一体。颈部、喉部微具细的暗褐色羽干纹，胸部具赤褐色斑纹。上体灰褐色，微具紫色光泽，下体白色。飞翔时两翅狭长，翼角后弯成一定角度，滑翔时常呈"M"形。幼鸟和成鸟大体相似，但头顶至枕缀暗褐色纵纹较粗密而显著，上体和翅下覆羽褐色，具宽阔的淡褐色羽缘。下体白色，胸部斑纹较成鸟少而不显著。

虹膜淡黄色或橙黄色。嘴黑色，蜡膜灰色。脚灰色。

分布范围：青山湖。留鸟，罕见。活动于水库、湖泊、溪流、鱼塘和海边等水域环境，主要以鱼类为食。

保护价值：列入《濒危野生动植物种国际贸易公约》（CITES）附录Ⅱ。水生环境变化的指示性动物之一，具有重要的生态、科研价值。

84. 黑翅鸢 | *Elanus caeruleus* Desfontaines
鹰形目 鹰科

别　　名：黑肩鸢、灰鹞子。

保护级别：国家Ⅱ级重点保护野生动物。

形态特征：黑翅鸢属小型猛禽，体长30~34cm。两性相似。眼先和眼周具黑斑；前额白色，到头顶逐渐变为灰色。上体蓝灰色，下体白色。肩部具黑斑，翅下覆羽白色，初级飞羽下表面黑色，次级飞羽灰色，具淡色尖端。飞行时翅端黑色和白色下体形成鲜明对照，可悬停于空中。尾较短，平尾。跗蹠前面一半被羽，一半裸露。幼鸟头顶褐色，具宽的白色羽缘。上体更褐，亦具宽阔的白色羽缘；覆羽黑灰色，具白色羽缘；胸部羽毛褐色，羽缘茶褐色或灰色，其余似成鸟。

虹膜成鸟红色，幼鸟黄色或黄褐色。嘴黑色，蜡膜黄色。脚黄色，爪黑色。

分布范围：天目山。夏候鸟，偶见。常栖息于有树木和灌木的开阔原野、农田、疏林和草原地区。

保护价值：列入《濒危野生动植物种国际贸易公约》（CITES）附录Ⅱ。自然环境变化的指示性动物之一，具有重要的生态、科研价值。

85. 凤头蜂鹰 | *Pernis ptilorhynchus* Temminck
鹰形目　鹰科

别　　名： 东方蜂鹰、蜜鹰。

保护级别： 国家 II 级重点保护野生动物。

形态特征： 凤头蜂鹰属中型猛禽，体长 50~62cm。头后及枕部羽毛狭长，形成短的黑色羽冠，常明显露出。头顶暗褐色至黑褐色，头侧眼周具短而硬的鳞片状羽毛，较厚密，是其独有特征之一。上喙边端具弧形垂突；基部具蜡膜或须状羽。体色变化较大，上体通常黑褐色，头侧灰色；喉部白色，具黑色中央纹；下体棕褐色或栗褐色，具淡红褐色和白色相间的横带和粗着的黑色中央纹。初级飞羽暗灰色，尖端黑色，翼下飞羽白色或灰色，具黑色横带，尾羽灰色或暗褐色，具 3~5 条暗色宽带斑及灰白色波状横斑。跗跖细弱，相对较长，约等于胫部长度。雌鸟显著大于雄鸟。具对比性浅色喉块，缘以浓密的黑色纵纹，并常具黑色中线。翅宽圆而钝，扇翅节奏缓慢；飞行时头相对小而颈明显长，两翼及尾均狭长，滑翔时两翅平直。

虹膜金黄色或橙红色；嘴黑色；脚黄色，爪黑色。

分布范围： 清凉峰、青山湖、锦城街道、锦北街道、玲珑街道、太湖源镇。旅鸟，少见。通常栖息于密林中，一般筑巢于大而多叶的树上，喜食蜂类。

保护价值： 列入《濒危野生动植物种国际贸易公约》（CITES）附录 II。自然环境变化的指示性动物之一，具有重要的生态、科研价值。

86. 黑冠鹃隼 | *Aviceda leuphotes* (Dumont)
鹰形目 鹰科

别　　名：虫鹰。

保护级别：国家Ⅱ级重点保护野生动物。

形态特征：黑冠鹃隼属小型猛禽，体长30~35 cm。头顶具有长而垂直竖立的黑色冠羽，极为显著。头部、颈部、背部、尾上的覆羽和尾羽黑褐色，具蓝色金属光泽，与褐冠鹃隼不同。喉部和颈部黑色；上胸具一宽阔的星月形白斑，下胸及腹侧具宽窄不一的白、栗色横斑；腹中央、腿上覆羽和尾下覆羽黑色，尾羽内侧白色，外侧具栗色块斑。飞翔时翅短阔而圆，黑色翅下覆羽和尾下覆羽与银灰色飞羽和尾羽形成鲜明对照；次级飞羽背侧具宽而显著的白色横带。

虹膜棕褐色。嘴深灰色，蜡膜灰色。脚深灰色。

分布范围：天目山、清凉峰、青山湖、锦北街道。夏候鸟，少见。栖息于平原低山丘陵和高山森林地带，也出现于疏林草坡、村庄和林缘田间地。

保护价值：列入《濒危野生动植物种国际贸易公约》（CITES）附录Ⅱ。自然环境变化的指示性动物之一，具有重要的生态、科研价值。

87. 秃鹫 | *Aegypius monachus* (Linnaeus)
鹰形目 鹰科

别　　名：座山雕，狗头雕。

保护级别：国家 **Ⅱ** 级重点保护野生动物。

形态特征：秃鹫属大型猛禽，体长 108~120cm。成鸟通体黑褐色，喙强大，蜡膜浅蓝，喙端黑褐色。头裸出，皮黄色，喉及眼下部分黑色。额至后枕被暗褐色绒羽，后头较长而致密，羽色亦较淡；头侧、颊、耳区具稀疏的黑褐色毛状短羽，眼先被有黑褐色纤羽，后颈上部赤裸无羽，浅蓝色；颈基部具长的淡褐色至暗褐色羽簇形成的皱翎，有的皱翎缀有白色。上体暗褐色，尾暗褐色，短而呈楔形；初级飞羽黑褐色，具金属光泽，翅上覆羽和其余飞羽暗褐色。下体暗褐色，前胸密被以黑褐色毛状绒羽，两侧各具一束蓬松的矛状长羽，腹缀有淡色纵纹，肛周及尾下覆羽淡灰褐色或褐白色。幼鸟似成鸟，体色较淡，脸部近黑，嘴黑，蜡膜粉红；头后常具松软的簇羽，头更裸露，易识别。

虹膜暗褐色。嘴灰褐色，先端黑褐，蜡膜蓝色。脚灰色。

分布范围：玲珑街道。留鸟，罕见。主要栖息于低山丘陵和高山荒原与森林中的荒岩草地、山谷溪流和林缘地带，常单独活动。

保护价值：列入《濒危野生动植物种国际贸易公约》（CITES）附录 Ⅱ。自然环境变化的指示性动物之一，具有重要的生态、科研价值。

88. 蛇雕 | *Spilornis cheela* Latham
鹰形目 鹰科

别　　名： 凤头捕蛇雕、白蝮蛇雕。

保护级别： 国家Ⅱ级重点保护野生动物。

形态特征： 蛇雕属大中型猛禽，体长 55~76cm。成鸟头顶黑色，枕部具显著而蓬松的黑色冠羽，上具白色横斑；喙基部及眼周裸露部分黄色。上体暗褐色，具窄的白色或淡棕黄色羽缘。下体褐色，腹部、两胁及臀具白色斑点。两翼甚圆且宽，飞羽暗褐色，羽端具白色羽缘。尾黑色较短，黑色横斑夹杂灰白色的宽横斑；尾下覆羽白色。飞行时尾部宽阔的白色横斑及白色翼后缘明显。幼鸟头顶和羽冠白色，具黑色尖端，贯眼纹黑色，背暗褐色，杂有白色斑点。下体白色，喉和胸具暗色羽轴纹，覆腿羽具横斑；尾灰色，具 2 道宽阔的黑色横斑和黑色端斑。

虹膜黄色。嘴灰褐色，先端较暗，蜡膜铅灰色或黄色。脚黄色，爪黑色。

分布范围： 天目山、清凉峰、青山湖、锦北街道、太湖源镇。留鸟，少见。栖居于深山高大密林中，喜在林地及林缘活动，在高空盘旋飞翔，主要以各种蛇类为食。

保护价值： 列入《濒危野生动植物种国际贸易公约》（CITES）附录Ⅱ。自然环境变化的指示性动物之一，具有重要的生态、科研价值。

89. 鹰雕 | *Nisaetus nipalensis* (Hodgson)
鹰形目 鹰科

别　　名：熊鹰。

保护级别：国家Ⅱ级重点保护野生动物。

形态特征：鹰雕属大中型猛禽，体长66~84cm。身体细长，最明显的特征是头后具长的黑色羽冠。有深色型和浅色型。上体棕褐色，腰部和尾上覆羽有淡白色的横斑，尾羽具5~6道黑色横带。头侧和颈侧具黑色和皮黄色条纹；喉部和胸部为白色，喉部具显著黑色喉中线，胸部有黑褐色纵纹；腹部密被淡褐色和白色交错排列的横斑；跗跖上被有羽毛，具淡褐色、白色交错排列的横斑。飞翔时翅膀十分宽阔，后缘突出，飞行时呈"V"形，翅膀下面和尾羽下面黑白交错的横斑极为醒目。亚成鸟体色有多种变化，随年龄增长由浅变深，斑纹也日趋浓重。

虹膜黄褐色。嘴黑色，蜡膜灰黑色，脚黄色，爪黑色。

分布范围：清凉峰。留鸟，罕见。栖息于不同海拔高度的山地森林、低山丘陵和山脚平原地区的阔叶林以及林缘地带。

保护价值：列入《濒危野生动植物种国际贸易公约》（CITES）附录Ⅱ。自然环境变化的指示性动物之一，具有重要的生态、科研价值。

90. 林雕 | *Ictinaetus malaiensis* Temminck
鹰形目 鹰科

别　　名：黑雕、树鹰。

保护级别：国家 II 级重点保护野生动物。

形态特征：林雕属大中型猛禽，体长 67~81cm。通体黑褐色，眼下及眼先具白斑；嘴较小，上嘴缘几乎是直的，鼻孔宽阔。头、翼及尾色较深，初级飞羽基部具明显的浅色斑块；尾较长，尾及尾上覆羽具浅灰色横纹。跗跖被羽。两翅宽长，歇息时两翅长于尾；翅基较窄，两翼后缘近身体处明显内凹，后缘略微突出。下体黑褐色，但较上体稍淡，胸、腹有粗着的暗褐色纵纹。飞行时与其他深色雕的区别在尾长而宽，两翼长且由狭窄的基部逐渐变宽，具显著"翼指"。

虹膜黄褐色。嘴灰褐色，端部黑色。脚黄色，爪长且微具钩。

分布范围：天目山、清凉峰、青山湖、锦北街道。留鸟，偶见。主要栖息于山地森林和林缘地带，常见在开阔平原、旷野、开垦的耕作区、林缘草地和村庄上空盘旋翱翔。

保护价值：列入《濒危野生动植物种国际贸易公约》（CITES）附录 II。自然环境变化的指示性动物之一，具有重要的生态、科研价值。

91. 白腹隼雕 | *Aquila fasciata* (Vieillot) 鹰形目 鹰科

别　　名：白腹山雕。

保护级别：国家Ⅱ级重点保护野生动物。

形态特征：白腹隼雕属大中型猛禽，体长70~74cm。成鸟上体深褐色，头顶和后颈呈棕褐色。眼先白，有黑色羽须，眼的后上缘有一不明显的白色眉纹。颈侧和肩部的羽缘灰白色，背部具一白斑。飞羽灰褐色，具细小横斑，翼尖深色。胸腹部白色，具黑色细纵纹。飞翔时翼下覆羽黑色，飞羽下面白色，后缘具波浪形暗色横斑。灰色尾羽较长，上具7道不甚明显的黑褐色波浪形斑和宽阔的黑色亚端斑。亚成鸟下体棕栗色，腹部棕黄色。翼具黑色后缘，沿大覆羽有深色横纹，其余覆羽色浅。上体大致褐色，头部皮黄色具深色纵纹，侧面略暗。飞行时两翼平端。

虹膜淡褐色。嘴灰色，蜡膜黄色。脚黄色，爪黑色。

分布范围：天目山、清凉峰、龙岗镇。留鸟，偶见。栖息于低山丘陵和山地森林中的悬崖和河谷岸边的岩石上，非繁殖期也常沿着海岸、河谷进入到山脚平原和沼泽。

保护价值：列入《濒危野生动植物种国际贸易公约》（CITES）附录Ⅱ。自然环境变化的指示性动物之一，具有重要的生态、科研价值。

92. 凤头鹰 | *Accipiter trivirgatus* Temminck
鹰形目 鹰科

别　　名：凤头苍鹰、粉鸟鹰、凤头雀鹰。

保护级别：国家Ⅱ级重点保护野生动物。

形态特征：凤头鹰属中小型猛禽，体长37~49cm。前额、头顶、后枕及羽冠灰褐色；头和颈侧较淡，具黑色羽干纹。上喙边端具弧形垂突，基部具蜡膜或须状羽。上体暗褐色，翅短圆，后缘突出；飞羽具暗褐色横带。尾淡褐色，具白色端斑和1道隐蔽而不甚显著的横带和4道显露的暗褐色横带。喉和胸白色，具两道黑色髭纹，喉具一黑褐色中央纵纹；胸具宽的棕褐色纵纹，腹部具暗棕褐色与白色相间排列的横斑，腰部具大团蓬松的白色羽毛。跗跖部相对较长。雌鸟显著大于雄鸟。幼鸟上体暗褐，具茶黄色羽缘，后颈茶黄色，微具黑色斑；头具宽的茶黄色羽缘。下体皮黄白色或淡棕色或白色，喉具黑色中央纵纹，胸、腹具黑色纵纹或黑斑。

虹膜黄色。嘴灰褐色，端部黑色，蜡膜黄色。脚淡黄色。

分布范围：天目山、清凉峰、青山湖、锦城街道、玲珑街道、锦南街道、锦北街道。留鸟，常见。通常栖息在2 000m以下的山地森林和山脚林缘地带，也出现在竹林和小面积丛林地带。

保护价值：列入《濒危野生动植物种国际贸易公约》（CITES）附录Ⅱ。自然环境变化的指示性动物之一，具有重要的生态、科研价值。

93. 赤腹鹰 | *Accipiter soloensis* (Horsfield)
鹰形目 鹰科

别　　名： 鸽子鹰、红鼻鹞、鹞子、鹅鹰、打鸟鹰。

保护级别： 国家Ⅱ级重点保护野生动物。

形态特征： 赤腹鹰属小型猛禽，体长27~36cm。翅膀尖而长，外形似鸽。雄鸟上体背面蓝灰色，头部颜色较深。胸部和上腹部棕色，下腹部白色，下体颜色较浅。飞行时翅下白色，仅飞羽外缘黑色。翅膀和尾羽灰褐色，外侧尾羽暗褐色，具不明显的5道黑褐色横斑。雌鸟体色与雄鸟相似，但体色稍深。亚成鸟上体褐色，尾具深色横斑，下体白，喉具纵纹，胸部及腿上具褐色横斑。

虹膜深褐色。嘴灰色，端黑，蜡膜橘黄。脚橘黄色。

分布范围： 天目山、清凉峰、青山湖、锦北街道、天目山镇、太湖源镇。夏候鸟，少见。栖息于山地森林和林缘地带，也见于低山丘陵和山麓平原地带的小块丛林、农田地缘和村庄附近。

保护价值： 列入《濒危野生动植物种国际贸易公约》（CITES）附录Ⅱ。自然环境变化的指示性动物之一，具有重要的生态、科研价值。

94. 日本松雀鹰 | *Accipiter gularis* Temminck & Schlegel
隼形目 鹰科

保护级别： 国家Ⅱ级重点保护野生动物。

形态特征： 日本松雀鹰属小型猛禽，体长 23~33cm。雄鸟上体深灰色，翅下覆羽白色并具灰色的斑点，腋下羽毛白色，具灰色横斑。尾灰色并具几条深色带，胸浅棕色，腹部具非常细羽干纹，无明显的髭纹。雌鸟比雄鸟体形大。雌鸟上体褐色，下体少棕色但具浓密的褐色横斑。亚成鸟胸具纵纹而非横斑，多棕色。本种外形和羽色与松雀鹰相似，但体型小，喉部中央的黑纹较为细窄，不似松雀鹰那样宽而粗。

虹膜雄鸟深红色，雌鸟黄色。嘴灰褐色，尖端黑色，蜡膜黄色。脚黄色，爪黑色。

分布范围： 清凉峰、青山湖、锦北街道、潜川镇。旅鸟，偶见。主要栖息于山地针叶林和混交林中，也出现在林缘和疏林地带，是典型的森林猛禽。

保护价值： 列入《濒危野生动植物种国际贸易公约》（CITES）附录Ⅱ。自然环境变化的指示性动物之一，具有重要的生态、科研价值。

95. 松雀鹰 | *Accipiter virgatus* (Temminck)
鹰形目 鹰科

别　　名：松子鹰、雀贼。

保护级别：国家Ⅱ级重点保护野生动物。

形态特征：松雀鹰属小型猛禽，体长28~38cm。雄鸟头顶棕褐色；眼先白色；头侧、颈侧和其余上体暗灰褐色；颈项和后颈基部羽毛白色；肩和三级飞羽基部具白斑，次级飞羽和初级飞羽具黑色横斑，尾和尾上覆羽灰褐色，尾具4道黑褐色横斑。颏和喉白色，具1条宽阔的黑褐色中央纵纹；髭纹黑色。其余下体白色或灰白色，两胁棕色并具褐色或棕红色横斑；尾羽灰褐色，上具4~5道暗色横斑。尾下覆羽白色。雌鸟个体较大，和雄鸟相似，上体暗褐色，下体白色，具暗褐色或棕褐色横斑。亚成鸟胸部具纵纹。

虹膜、蜡膜和脚均为黄色；嘴灰褐色，尖端黑色。

分布范围：天目山、清凉峰、青山湖、玲珑街道。留鸟，少见。通常栖息于海拔2 800m以下的山地针叶林、阔叶林和混交林中，冬季时，则会到海拔较低的山区活动。

保护价值：列入《濒危野生动植物种国际贸易公约》（CITES）附录Ⅱ。自然环境变化的指示性动物之一，具有重要的生态、科研价值。

96. 雀鹰 | *Accipiter nisus* (Linnaeus)
鹰形目 鹰科

别　　名： 朵子、鹞子（雌）、细胸（雄）、鹞鹰。

保护级别： 国家 Ⅱ 级重点保护野生动物。

形态特征： 雀鹰属中小型猛禽，体长 30~41 cm。雄鸟上体暗灰色，前额微缀棕色，眼先灰色，具黑色刚毛，有的具白色眉纹；颊棕色，具暗色纹；头顶、枕和后颈较暗。初级飞羽暗褐色，次级飞羽具暗褐色横斑；翅上覆羽暗灰色，翅下覆羽和腋羽白色，具暗褐色或棕褐色细横斑。尾羽灰褐色，另具 4~5 道黑褐色横斑。下体白色，颏和喉部满布褐色细纹；胸、腹和两胁具红褐色或暗褐色细横斑；尾下覆羽白色，常具淡灰褐色斑纹。雌鸟体型较雄鸟大，上体灰褐色，前额乳白色或淡棕黄色，颊白色，微沾淡棕黄色，具暗褐色细纵纹；头顶至后颈灰褐色。飞羽和尾羽暗褐色。下体白色，颏和喉部具较宽的暗褐色纵纹，胸、腹和两胁具暗褐色横斑，其余似雄鸟。幼鸟头顶至后颈栗褐色，背至尾上覆羽暗褐色，各羽均具赤褐色羽缘，翅和尾似雌鸟。喉黄白色，具黑褐色羽干纹，胸具斑点状纵纹，胸以下具褐色横斑，其余似成鸟。

虹膜橙黄色。嘴暗灰色、尖端黑色，蜡膜黄色。脚橙黄色，爪黑色。

分布范围： 清凉峰、青山湖、湍口镇、潜川镇。冬候鸟，少见。栖息于针叶林、混交林、阔叶林等山地森林和林缘地带。飞翔时翼后缘略为突出，翼下飞羽具数道黑褐色横带，通常快速鼓动两翅飞一阵儿后，接着又滑翔一阵儿。

保护价值： 列入《濒危野生动植物种国际贸易公约》（CITES）附录 Ⅱ。自然环境变化的指示性动物之一，具有重要的生态、科研价值。

97. 苍鹰 | *Accipiter gentilis* (Linnaeus)
鹰形目 鹰科

别　　名： 鸡鹰、黄鹰（幼鸟）、鹞鹰、牙鹰。

保护级别： 国家 Ⅱ 级重点保护野生动物。

形态特征： 苍鹰属中型猛禽，体长 46~60cm。成鸟前额、头顶、枕和头侧黑褐色，枕部有白羽尖；眉纹白而具黑色羽纹；耳羽黑色；喉部、前颈具黑褐色细纹及暗褐色斑，无喉中线。上体灰褐色；飞羽有暗褐色横斑。下体白色，胸、腹、两胁布满较细的横纹，羽干黑褐色。尾灰褐色，具 4 道黑褐色横斑。肛周和尾下覆羽白色，有少许褐色横斑。飞行时，双翅宽阔，翅下白色，但密布黑褐色横带。雌鸟显著大于雄鸟。雌鸟羽色与雄鸟相似，但较暗。亚成体上体都为褐色，有不明显暗斑点。眉纹不明显；耳羽褐色；腹部淡黄褐色，有黑褐色纵行点斑。幼鸟上体褐色，羽缘淡黄褐色；飞羽褐色，具暗褐横斑和污白色羽端；头侧、颏、喉、下体棕白色，有粗的暗褐羽干纹；尾羽灰褐色，具 4~5 条比成鸟更显著的暗褐色横斑。

虹膜黄色。嘴黑色，基部灰褐色，蜡膜黄绿色。脚黄色，爪黑色。

分布范围： 清凉峰、昌化镇、潜川镇。冬候鸟，少见。栖息于不同海拔高度的针叶林、混交林和阔叶林等森林地带，也见于山施平原和丘陵地带的疏林和小块林内。

保护价值： 列入《濒危野生动植物种国际贸易公约》（CITES）附录 Ⅱ。自然环境变化的指示性动物之一，具有重要的生态、科研价值。

98. 白腹鹞 | *Circus spilonotus* Kaup
鹰形目 鹰科

别　　名：泽鹞、东方沼泽鹞、白尾巴根子。

保护级别：国家Ⅱ级重点保护野生动物。

形态特征：白腹鹞大中型猛禽，体长47~60cm。雄鸟头顶至上背灰褐色或黑色，密布白色纵纹；眼先具黑色刚毛，耳羽黑褐色，羽缘皮黄色。喉及胸黑并满布白色纵纹；上体黑褐色，具灰白色或淡棕色斑点或羽端缘。下体近白色，微缀皮黄色。尾上覆羽白色，具不甚规则的淡棕褐色斑；尾银灰色。雌鸟上体褐色，具棕红色羽缘，头至后颈乳白色或黄褐色，具暗褐色纵纹；尾上覆羽白色，具棕褐色斑纹，尾羽银灰色，微沾棕色，具黑褐色横斑；飞羽黑褐色，具淡色横斑。颏、喉、胸、腹皮黄白色或白色。幼鸟似雌鸟，但上体较暗，颏、喉部白色或皮黄色，其余下体棕褐色，胸常具棕白色羽缘。

虹膜橙黄色。嘴灰褐色，蜡膜暗黄色。脚黄色。

分布范围：天目山。留鸟或冬候鸟，罕见。喜开阔地，尤其是多草沼泽地带或芦苇地。

保护价值：列入《濒危野生动植物种国际贸易公约》（CITES）附录Ⅱ。自然环境变化的指示性动物之一，具有重要的生态、科研价值。

99. 黑鸢 | *Milvus migrans* Boddaert
鹰形目 鹰科

别　　名：老鹰、黑耳鸢。

保护级别：国家 Ⅱ 级重点保护野生动物。

形态特征：黑鸢属大中型猛禽，体长 54~69cm。前额基部和眼先灰白色，耳羽黑褐色，头顶至后颈棕褐色，颏、颊和喉灰白色。上体暗褐色，覆羽黑褐色，初级飞羽黑褐色；翅狭长，飞翔时翼下左右形成显著大型白斑。下体棕褐色，胸、腹及两胁暗棕褐色，具粗着的黑褐色羽干纹，下腹至肛部羽毛稍浅淡，棕黄色。尾较长，呈浅叉状，等宽的黑褐色横斑相间排列，尾端具淡棕白色羽缘。雌鸟显著大于雄鸟。幼鸟全身大都栗褐色，头、颈大多具棕白色羽干纹；胸、腹具有宽阔的棕白色纵纹，翅上覆羽具白色端斑，尾上横斑不明显，其余似成鸟。

虹膜棕色或暗褐色。嘴灰色，蜡膜黄绿色。脚灰色，爪黑色。

分布范围：清凉峰、青山湖、于潜镇、河桥镇、潜川镇。留鸟，少见。栖息于开阔平原、草地、荒原和低山丘陵地带。白天活动，常单独在高空飞翔，一般通过在空中盘旋来观察和觅找食物。

保护价值：列入《濒危野生动植物种国际贸易公约》（CITES）附录 Ⅱ。自然环境变化的指示性动物之一，具有重要的生态、科研价值。

100. 灰脸鵟鹰 | *Butastur indicus* (Gmelin)
鹰形目 鹰科

别　　名： 三春鹞、灰面鹞、灰脸鹰、扫墓鸟、清明鸟、国庆鸟。

保护级别： 国家Ⅱ级重点保护野生动物。

形态特征： 灰脸鵟鹰属中型猛禽，体长 39~46cm。上体暗棕褐色，翅上覆羽棕褐色，尾羽灰褐色，上具 3 道宽的黑褐色横斑。脸颊和耳区灰色，眼先和喉部白色，具宽的黑褐色喉中线，顶纹、髭纹黑色。胸部红褐色，具较密的棕褐色横斑，下体余部具棕色横斑。尾细长。雌鸟似雄鸟，但体型稍大。幼鸟上体褐色，具纤细的黑褐色羽轴纹和棕色或棕白色羽缘；尾羽灰褐色，具 4~5 条黑褐色横斑；脸颊棕色，具棕褐色羽干纹，眉纹皮黄色。喉白色沾棕，具黑褐色中央纹；下体乳白色或皮黄色，上胸具粗着的棕褐色纵纹，下胸和腹以及两胁具棕褐色横斑。

虹膜黄色。嘴黑色，基部和蜡膜橙黄色。脚黄色，爪黑色。

分布范围： 清凉峰、青山湖、锦城街道、锦北街道、潜川镇。旅鸟，偶见。栖息于阔叶林、针阔叶混交林以及针叶林等山林地带。

保护价值： 列入《濒危野生动植物种国际贸易公约》（CITES）附录Ⅱ。自然环境变化的指示性动物之一，具有重要的生态、科研价值。

101. 普通鵟 | *Buteo japonicus* Temminck & Schlegel
鹰形目 鹰科

别　　名： 鵟、土豹、鸡姆鹞。

保护级别： 国家Ⅱ级重点保护野生动物。

形态特征： 普通鵟属中型猛禽，体长50~59cm。体色变化较大，上体主要为暗褐色，下体主要为暗褐色或淡褐色，具深棕色横斑或纵纹，尾淡灰褐色，具多道暗色横斑。飞翔时两翼宽阔，初级飞羽基部具明显白斑，翼下白色，仅翼尖、翼角和飞羽外缘黑色（淡色型）或全黑褐色（暗色型），尾羽呈扇形。翱翔时，两翅微向上举成浅"V"字形。

黑色型全身黑褐色，两翅与肩较淡，羽缘灰褐；外侧5枚初级飞羽羽端黑褐色，其余飞羽黑褐色。尾羽棕褐色，具暗褐色横斑和灰白色端斑。眼先白色，颏、喉、颊沾棕黄色，髭纹和整个下体黑褐色，翼下和尾下覆羽乳白色。

棕色型上体、两翅棕褐色、羽端淡褐色或白色，小覆羽栗褐色，飞羽较暗色型稍淡。尾羽棕褐色，羽端黄褐色，亚端斑深褐色。颏、喉乳黄色，具棕褐色羽干纹。胸、两胁具大型棕褐色粗斑，腹部乳黄色，有淡褐色细斑。尾下覆羽乳黄色，尾羽下具不清晰的暗色横斑。幼鸟上体多褐色，具淡色羽缘。喉白色，其余下体皮黄白色，具宽的褐色纵纹。尾黄色，具大约10道窄的黑色横斑。

淡色型上体多灰褐色，羽缘白色。头具窄的暗色羽缘。尾羽暗灰褐色，具数道不清晰的黑褐色横斑和灰白色端斑，羽基白色而沾棕色。外侧初级飞羽黑褐色，内侧飞羽黑褐色；翅上覆羽常为浅褐色，羽缘灰褐色。下体乳黄白色，颏和喉部具淡褐色纵纹。胸和两胁具粗的棕褐色横斑和斑纹，腹近乳白色，有的具细的淡褐色斑纹，肛区和尾下覆羽乳黄白色而微具褐色横斑。

分布范围： 天目山、清凉峰、青山湖、锦北街道、岛石镇、湍口镇、潜川镇。冬候鸟，偶见。主要栖息于山地森林和林缘地带，从海拔400m的山脚阔叶林到2 000m的混交林和针叶林地带均有分布，常见在开阔平原、荒漠、旷野、开垦的耕作区、林缘草地和村庄上空盘旋翱翔，以森林鼠类为食。

保护价值： 列入《濒危野生动植物种国际贸易公约》（CITES）附录Ⅱ。自然环境变化的指示性动物之一，具有重要的生态、科研价值。

102. 领角鸮 | *Otus lettia* Hodgson
鸮形目 鸱鸮科

别　　名：猫头鹰。

保护级别：国家Ⅱ级重点保护野生动物。

形态特征：领角鸮属小型鸮类，体长 20~27 cm。面盘显著，额、眉纹皮黄白色或灰白色，稍缀以黑褐色细点，棕灰色耳羽明显。上体包括两翅表面大都灰褐色，具黑褐色纵纹和虫蠹状细斑，并杂有棕白色斑点，在后颈处大而多，形成不完整半领斑；肩和翅上外侧覆羽端具有棕色或白色大型斑点。初级飞羽黑褐色。尾灰褐色，具 6 道棕色横斑。颏、喉灰白色，上喉有一圈皱领，微沾棕色，各羽具黑色纵纹；其余下体灰白色至皮黄色，满布明显黑褐色纵纹及浅棕色波状横斑；覆腿羽棕白色具褐色斑点，跗蹠被羽。幼鸟通体灰褐色，杂以棕黑色虫蠹状细斑，腹面较淡，除飞羽和尾羽外，均呈绒羽状。

虹膜深褐色，嘴黄绿色，脚污黄色。

分布范围：天目山、清凉峰、青山湖、锦北街道、于潜镇。留鸟，常见。栖息于山地阔叶林和混交林中，也出现于山麓林缘和村寨附近树林内。除繁殖期成对活动外，通常单独活动。

保护价值：列入《濒危野生动植物种国际贸易公约》（CITES）附录Ⅱ。自然环境变化的指示性动物之一，具有重要的生态、科研价值。

103. 北领角鸮 | *Otus semitorques* Temminck & Schlegel
| 鸮形目　鸱鸮科

别　　名：日本角鸮。

保护级别：国家Ⅱ级重点保护野生动物。

形态特征：北领角鸮属小型鸮类，体长21~26cm。雌鸟成年个体体型略大。面盘不显著，耳羽发达，后颈有领斑。全身灰褐色为主，腹部偏灰白色；体羽多具黑褐色羽干纹及虫蠹状细斑，并散有棕白色眼斑。跗蹠及爪具毛。幼鸟体灰白色为主，腹部色淡。

虹膜棕红色，嘴黑褐色，脚污黄色。

分布范围：清凉峰。留鸟，罕见。栖息于山地阔叶林和混交林中，也出现于山麓林缘和树林内。

保护价值：列入《濒危野生动植物种国际贸易公约》（CITES）附录Ⅱ。自然环境变化的指示性动物之一，具有重要的生态、科研价值。

104. 红角鸮 | *Otus sunia* Hodgson
鸮形目　鸱鸮科

别　　名： 东方角鸮、夜猫子、鸺鹠、棒槌雀、王冈哥。

保护级别： 国家 Ⅱ 级重点保护野生动物。

形态特征： 红角鸮属小型鸮类，体长 17~21 cm。上体灰褐色或棕栗色，具黑褐色虫蠹状细纹。面盘灰褐色，密布纤细黑纹；领圈淡棕色；耳羽基部棕色；头顶至背和翅覆羽杂以棕白色斑。飞羽大部黑褐色，尾羽灰褐，尾下覆羽白色。下体大部红褐至灰褐色，具暗褐色纤细横斑和黑褐色纵纹。全身遍布花纹，在肩部有一列比较大的羽毛梢部有浅色的大斑。

虹膜黄色，嘴灰绿色，脚灰褐色。

分布范围： 天目山、清凉峰、青山湖、锦北街道。留鸟，偶见。栖息于山地阔叶林和混交林中，喜欢有树丛的开阔原野。

保护价值： 列入《濒危野生动植物种国际贸易公约》（CITES）附录 Ⅱ。自然环境变化的指示性动物之一，具有重要的生态、科研价值。

105. 雕鸮 | *Bubo bubo* (Linnaeus)
鸮形目 鸱鸮科

别　　名：猫头鹰、角鸱、恨狐、大猫王、老兔。

保护级别：国家 II 级重点保护野生动物。

形态特征：雕鸮属大型鸮类，体长 58~71 cm。眼大，上方具一大形黑斑。眼先、眼前缘密被白色刚毛状羽，具黑色端斑；面盘显著，淡棕黄色，满布褐色细斑。皱领黑褐色，头顶黑褐色，夹杂黑色波状细斑。耳羽发达，显著突出于头顶两侧，外侧黑色，内侧棕色。后颈和上背棕色，各羽具显著的黑褐色纵纹，端部缀以黑褐色细斑；肩、下背和翅上覆羽棕色至灰棕色，夹杂黑褐色斑纹或横斑，并具粗阔的黑色纵纹；羽端大都呈黑褐色块斑状。尾上覆羽棕色至灰棕色，具黑褐色波状细斑。尾短圆，尾羽暗褐色，具暗褐色横斑和黑褐色斑点。喉白色，胸棕色，具明显黑褐色纵纹，上腹和两胁纵纹变细，黑褐色波状横斑增多而显著。下腹中央几纯棕白色，覆腿羽和尾下覆羽微杂褐色细横斑；腋羽白色或棕色，具褐色横斑。跗蹠被羽黄褐色，延伸至趾。

虹膜橙黄色，嘴灰褐色，爪黑色。

分布范围：天目山、锦南街道。留鸟，罕见。栖息于山地森林、平原、荒野、林缘灌丛、疏林以及裸露的高山和峭壁等各类环境中，以各种鼠类为主要食物。

保护价值：列入《濒危野生动植物种国际贸易公约》（CITES）附录 II。自然环境变化的指示性动物之一，具有重要的生态、科研价值。

106. 褐林鸮 | *Strix leptogrammica* Temminck
鸮形目　鸱鸮科

别　　名：猫头鹰。

保护级别：国家 II 级重点保护野生动物。

形态特征：褐林鸮属中型鸮类，体长 40~51 cm。头部圆形，无耳簇羽，面盘显著，呈棕褐色或棕白色，眼圈黑色，具白色或棕白色眉纹。头顶纯褐色、通体棕褐色，飞羽褐色，肩部、翅膀和尾上覆羽具白色横斑。喉部白色，颈部、胸部染巧克力色。下体淡棕黄色，具褐色或淡褐色横纹。尾羽暗褐色，端缘白色。

虹膜深褐色。嘴暗绿色，基部暗蓝色。爪灰褐色。

分布范围：天目山、清凉峰、玲珑街道。留鸟，罕见。栖息于茂密的山地森林，尤其是常绿阔叶林和混交林中，也出现于林缘和路边疏林以及竹林中。

保护价值：列入《濒危野生动植物种国际贸易公约》（CITES）附录 II。自然环境变化的指示性动物之一，具有重要的生态、科研价值。

107. 领鸺鹠 | *Glaucidium brodiei* (Burton)
鸮形目 鸱鸮科

别　　名：小鸺鹠、小猫头鹰。

保护级别：国家Ⅱ级重点保护野生动物。

形态特征：领鸺鹠属小型鸮类，体长14~16cm，上体灰褐至棕褐色，遍被狭长的浅橙黄色横斑。头部灰褐色，眼先及眉纹白色，无耳簇羽，面盘不显著。前额、头顶和头侧具细密的白色或皮黄色斑点，后颈具显著棕黄色或皮黄色领圈，两侧各具一黑斑形成"假眼"。肩羽具大的白斑，形成两道显著的白色肩斑，其余上体暗褐色具棕色横斑。飞羽黑褐色，具棕红色、白色斑点，最内侧呈横斑状。尾上覆羽褐色，具白色横斑及斑点，尾暗褐色，具数道浅黄白色横斑和羽端斑。颊白色，向后延伸至耳羽后方。颏、喉白色，喉部具1道细的栗褐色横带，其余下体白色，具数条大型褐色纵纹。尾下覆羽白色，先端杂有褐色斑点。覆腿羽褐色，具少量白色细横斑。跗蹠被羽。

虹膜黄色，嘴和脚黄绿色，爪褐色。

分布范围：天目山、清凉峰。留鸟，偶见。栖息于山地森林和林缘灌丛地带。除繁殖期外都是单独活动，主要在白天活动，中午也能在阳光下自由地飞翔和觅食。

保护价值：列入《濒危野生动植物种国际贸易公约》（CITES）附录Ⅱ。自然环境变化的指示性动物之一，具有重要的生态、科研价值。

108. 斑头鸺鹠 | *Glaucidium cuculoides* (Vigors)
鸮形目　鸱鸮科

别　　名： 鸺鹠、横纹小鸮、猫王鸟。

保护级别： 国家 Ⅱ 级重点保护野生动物。

形态特征： 斑头鸺鹠属小型鸮类，体长 20~26cm。头、颈和整个上体包括两翅表面棕褐色，密被细狭的淡棕色或灰白横斑，尤以头顶横斑特别细小而密。眉纹白色，较短狭。无耳簇羽，面盘不显著。部分肩羽和大覆羽具大的白斑，沿肩部形成白色线条；飞羽黑褐色，缀以棕色或棕白色三角形羽缘斑及横斑；尾羽黑褐色，具 6 道显著的白色横斑和羽端斑。颏、颚纹白色，喉中部褐色，具皮黄色横斑。胸白色，下胸具褐色横斑；腹白色，具褐色纵纹；尾下覆羽纯白色，跗蹠被羽，白色而杂以褐斑。幼鸟上体横斑较少，有时几乎纯褐色，仅具少许淡色斑点。

虹膜黄色，嘴黄绿色。脚黄绿色，爪近黑色。

分布范围： 天目山、清凉峰、青山湖、、锦北街道、锦南街道、玲珑街道、岛石镇、河桥镇。留鸟，少见。栖息于从平原、低山丘陵到海拔 2 000m 左右的中山地带的阔叶林、混交林、次生林和林缘灌丛，也出现于村寨和农田附近的疏林和树上。

保护价值： 列入《濒危野生动植物种国际贸易公约》（CITES）附录 Ⅱ。自然环境变化的指示性动物之一，具有重要的生态、科研价值。

109. 鹰鸮 | *Ninox scutulata* (Raffles)
鸮形目　鸱鸮科

别　　名： 褐鹰鸮、青叶鸮。

保护级别： 国家 Ⅱ 级重点保护野生动物。

形态特征： 鹰鸮属中型鸮类，体长 22~33cm。外形似鹰，眼大，无明显面盘和耳羽簇。喙基、额基和眼先白色。上体深褐色；肩羽褐色，两边夹杂白色斑块。覆羽褐色至浅褐色，初级飞羽黑褐色，次级、三级飞羽略浅。颊、喉部灰白色，前颈皮黄色，具褐色细纹。胸、腹和两胁皮黄色，密布水滴状红褐色斑点，连接成宽阔纵纹。尾短圆，棕褐色，具黑褐色横斑，端斑近白色。

虹膜黄色；嘴灰褐色，端部黑褐色。趾黄色，爪灰褐色。

分布范围： 天目山、青山湖、锦北街道。留鸟，罕见。栖息于海拔 2 000m 以下的针阔叶混交林和阔叶林中，也出现于低山丘陵和山脚平原地带的树林、林缘灌丛、果园以及农田地区的高大树上。

保护价值： 列入《濒危野生动植物种国际贸易公约》（CITES）附录 Ⅱ。自然环境变化的指示性动物之一，具有重要的生态、科研价值。

110. 长耳鸮 | *Asio otus* (Linnaeus)
鸮形目 鸱鸮科

别　　名： 猫头鹰、长耳猫头鹰、长耳木兔。

保护级别： 国家Ⅱ级重点保护野生动物。

形态特征： 长耳鸮属中型鸮类，体长33~40cm。面盘显著，两侧棕黄色，中部白色杂有黑褐色，形成明显白色"X"图形。眼内侧和上下缘具黑斑。前额白色与褐色夹杂，皱领白色而羽端缀黑褐色。耳羽发达，黑褐色，羽基两侧棕色，显著突出于头上。上体棕黄色，密布黑褐色条纹斑块，羽端两侧密杂以褐色和白色细纹。上背棕色较淡，往后逐渐变浓，羽端黑褐色斑纹亦多而明显；肩羽同背，具棕色至棕白色圆斑。飞行时初级飞羽根部具明显黑色腕斑。尾上覆羽棕黄色，具黑褐色细斑，尾羽基部棕黄色，端部灰褐色，具数道黑褐色横斑。颏白色，下体棕黄色，胸腹部具略成"十"字形的黑褐色纵纹。尾下覆羽棕白色，具褐色横纹。

虹膜橘红色，嘴角质灰色。脚偏粉色，爪黑色。

分布范围： 清凉峰。冬候鸟，罕见。喜欢栖息于针叶林、针阔混交林和阔叶林等各种类型的森林中，也出现于林缘疏林、农田防护林和城市公园的林地中。

保护价值： 列入《濒危野生动植物种国际贸易公约》（CITES）附录Ⅱ。自然环境变化的指示性动物之一，具有重要的生态、科研价值。

111. 短耳鸮 | *Asio flammeus* (Pontoppidan)
鸮形目 鸱鸮科

别　　名：短耳猫头鹰、田猫王、小耳木兔。

保护级别：国家Ⅱ级重点保护野生动物。

形态特征：短耳鸮属中型鸮类，体长34~42cm。耳短小而不外露，黑褐色，具棕色羽缘。面盘显著，眼周黑色，眼先及内侧眉斑白色，面盘余部棕黄色，夹杂黑色纹。颏白色。上体大部黄褐色，满布黑色和皮黄色纵斑。肩及三级飞羽纵纹较粗，两侧形成横斑，缀有白斑；覆羽黑褐色，具棕色斑点和大型白色眼状斑。飞羽棕褐色，夹杂棕黄色横斑；飞行时黑色的腕斑显而易见。尾羽棕黄色、具黑褐色横斑和棕白色端斑。下体皮黄色，具深褐色纵纹。下腹中央和尾下覆羽及覆腿羽无斑杂。

虹膜黄色，嘴灰褐色。脚偏白色，爪黑色。

分布范围：清凉峰。旅鸟，罕见。栖息于低山、丘陵、平原、沼泽、湖岸和草地等各类生境中，尤以开阔平原草地、沼泽和湖岸地带较多见。

保护价值：列入《濒危野生动植物种国际贸易公约》（CITES）附录Ⅱ。自然环境变化的指示性动物之一，具有重要的生态、科研价值。

112. 草鸮 | *Tyto longimembris* Jerdon
鸮形目 草鸮科

别　　名： 东方草鸮、猴面鹰、人面鸮

保护级别： 国家Ⅱ级重点保护野生动物。

形态特征： 草鸮属中型鸮类，体长35~44cm。上体暗褐色，具棕黄色斑纹，近羽端处有白色小斑点。心形面盘大而发达，灰棕色，有暗栗色边缘。喙强而钩曲，基部蜡膜为硬须掩盖。飞羽黄褐色，有暗褐色横斑；尾羽浅黄栗色，有4道暗褐色横斑；下体淡棕白色，具褐色斑点。脚强健有力，常全部被羽。

虹膜深褐色，嘴黄褐色，爪黑褐色。

分布范围： 天目山，清凉峰。留鸟，罕见。栖息于山麓草灌丛中，经常活动于茂密的草原、沼泽地，特别是芦苇荡边的蔗田，隐藏在地面上的高草丛中。

保护价值： 列入《濒危野生动植物种国际贸易公约》（CITES）附录Ⅱ。自然环境变化的指示性动物之一，具有重要的生态、科研价值。

113. 戴胜 | *Upupa epops* Linnaeus
犀鸟目 戴胜科

别　　名：鸡冠鸟。

保护级别：浙江省重点保护野生动物。

形态特征：戴胜属中等体型，体长 26~32cm。雌雄外形相似，色彩鲜明。头部淡棕色，头顶具长而耸立型棕色冠羽，羽冠顶端具黑斑；冠羽平时褶叠倒伏，直立时呈扇状。喙长而下弯，暗褐色，基部污黄色。颈、胸、上背、肩淡棕色。上背和翼上小覆羽转为棕褐色；下背和肩羽黑褐色而杂以棕白色的羽端和羽缘；上、下背间具黑色、棕白色、黑褐色带斑及不完整白色带斑，并连成的宽带向两侧围绕至翼弯下方；覆羽具棕白色近端横斑，飞羽具数列白色横斑。尾羽黑色，中部形成棕白色弧形横带。下体淡棕色，腹及两胁转为白色，并杂有褐色纵纹，至尾下覆羽全为白色。幼鸟上体色较淡、下体呈褐色。

虹膜褐色，嘴黑色，脚灰褐色。

分布范围：青山湖、锦北街道、龙岗镇、湍口镇。留鸟，少见。栖息于山地、平原、森林、林缘、路边、河谷、农田、草地、村屯和果园等开阔地方，尤其以林缘耕地生境较为常见。

保护价值：自然环境变化的指示性动物之一，具有重要的生态、科研价值。

114. 三宝鸟 | *Eurystomus orientalis* (Linnaeus)
佛法僧目 佛法僧科

别　　名： 佛法僧。

保护级别： 浙江省重点保护野生动物。

形态特征： 三宝鸟属中小型攀禽，体长 26~29 cm。嘴宽阔。头大而宽阔，头顶扁平，头至颈黑褐色。上体暗铜绿色。两翅覆羽与背相似，但较背鲜亮而多蓝色。初级飞羽黑褐色，基部具一宽的天蓝色横斑，飞翔时甚明显。其他飞羽黑褐色，外翈具深蓝色光泽；三级飞羽基部蓝绿色。尾黑色，有时微沾暗蓝紫色。颏黑色，喉和胸黑色沾蓝色，其余下体蓝绿色。腋羽和翅下覆羽淡蓝绿色。雌鸟羽色较雄鸟暗淡。幼鸟似成鸟，但羽色较暗淡，背面近绿褐色，喉无蓝色。

虹膜褐色。嘴橘红色，端黑，亚成鸟黑色。脚橘红色。

分布范围： 天目山、清凉峰、青山湖、锦北街道、锦南街道、玲珑街道、昌化镇、湍口镇。夏候鸟，少见。主要栖息于针阔叶混交林和阔叶林林缘路边及河谷两岸高大的乔木树上。常单独或成对栖息于山地或平原林中，也喜欢在林区边缘空旷处或林区里的开垦地上活动，早、晚活动频繁。

保护价值： 自然环境变化的指示性动物之一，具有重要的生态、科研价值。

115. 蚁䴕 | *Jynx torquilla* Linnaeus
啄木鸟目 啄木鸟科

别　　名：地啄木。

保护级别：浙江省重点保护野生动物。

形态特征：蚁䴕属小型啄木鸟，体长 16~19cm，雌雄同色。嘴短而直，圆锥形。耳羽栗褐色，形成眼后纹。额及头顶污灰色，杂以黑褐色细横斑。上体余部灰褐色，两翅棕褐色，均缀有褐色虫蠹状斑。枕、后颈至上背具粗大黑色纵斑，并杂以灰褐色。肩羽、三级飞羽亦具黑色纵纹，羽缘具白色斑点；外侧飞羽淡黑褐色，外侧具淡栗色方形块斑，内侧具一系列灰棕色三角形斑块。尾较长，灰褐色，具 3~4 道黑色横斑。喉、前颈和胸棕黄色，向下逐渐变为灰白色，密布黑褐色细横斑，在腹和下肋斑较疏。尾下覆羽棕黄色，具稀疏黑褐色横斑。幼鸟和成鸟大致相似，但体色更暗，尾羽淡灰色，具宽的黑色端斑，尾下覆羽为黄灰色。

分布范围：青山湖、锦北街道。过境鸟，罕见。主要栖息于低山和平原开阔的疏林地带，尤喜阔叶林和针阔叶混交林，有时也出现于针叶林、林缘灌丛、河谷、田边和居民点附近的果园等处。

保护价值：自然环境变化的指示性动物之一，具有重要的生态、科研价值。

116. 斑姬啄木鸟 | *Picumnus innominatus* Burton
啄木鸟目 啄木鸟科

别　　名：姬啄木鸟。

保护级别：浙江省重点保护野生动物。

形态特征：斑姬啄木鸟属小型啄木鸟，体长 9~10cm。雄鸟额至后颈栗色或烟褐色，前额具橙红色斑点。耳羽栗褐色，形成眼后纹，上下白色眉纹和颊纹自眼先延伸至颈侧。背至尾上覆羽橄榄绿色，两翅暗褐色，外缘沾黄绿色，翼缘近白色，覆羽和内侧飞羽颜色同背部。尾羽黑色，中央 1 对尾羽具白色纵斑。颏、喉近白色，缀有圆形黑褐色斑点，其余下体灰白色。胸和上腹以及两胁布满大的圆形黑斑，到后肋和尾下覆羽呈横斑状。腹中部黑色斑点不明显或无。雌鸟和雄鸟相似，但前额无橙红斑，为栗色或烟褐色。

虹膜褐色，嘴及脚灰褐色。

分布范围：天目山、清凉峰、青山湖、锦北街道、岛石镇、湍口镇、潜川镇。留鸟，少见。栖息于海拔 2 000m 以下的低山丘陵和山脚平原常绿或落叶阔叶林中，也出现于中山混交林和针叶林地带，尤其喜欢活动在开阔的疏林、竹林和林缘灌丛。

保护价值：自然环境变化的指示性动物之一，具有重要的生态、科研价值。

117. 棕腹啄木鸟 | *Dendrocopos hyperythrus* Vigors
啄木鸟目 啄木鸟科

保护级别： 浙江省重点保护野生动物。

形态特征： 棕腹啄木鸟属中型啄木鸟，体长 17~20cm，色彩浓艳。雄鸟顶冠及枕红色。背、两翼黑色，密布白色相间横斑；腰至中央尾羽黑色，外侧 1 对尾羽黑而具白横斑。 眼周及颊白色，下体余部大都棕红色，尾下覆羽红色。雌鸟顶冠黑而具白点，无红色。

虹膜褐色，嘴黄绿色，脚灰褐色。

分布范围： 青山湖、锦北街道。旅鸟，罕见。多在次生阔叶林、针阔混交林及冷杉苔藓林中出现，单个或成对活动，以昆虫为主食。

保护价值： 自然环境变化的指示性动物之一，具有重要的生态、科研价值。

118. 星头啄木鸟 | *Dendrocopos canicapillus* (Blyth)
啄木鸟目 啄木鸟科

别　　名：红星啄木。

保护级别：浙江省重点保护野生动物。

形态特征：星头啄木鸟属小型啄木鸟，体长 14~18cm。雄鸟前额和头顶灰褐色，有时缀有淡棕褐色；白色眉纹宽阔，自眼后上缘向后延伸至颈侧，形成白色块斑。枕部两侧各具一红色小斑。耳羽淡棕褐色，后有 1 块黑斑。枕、后颈、上背和肩黑色；下背和腰白色而具黑色横斑；中央尾羽黑色，外侧尾羽污白色或棕白色，具黑色横斑或不明显；覆羽和飞羽黑色，具宽阔白斑或斑点。颊、喉白色或灰白色，其余下体污白色至淡棕黄色，满布黑褐色纵纹。下腹中部至尾下覆羽纵纹细弱而不明显。雌鸟似雄鸟，但枕侧无红斑。

虹膜褐色，嘴灰褐色，脚灰褐色。

分布范围：天目山、清凉峰。留鸟，偶见。主要栖息于山地和平原阔叶林、针阔叶混交林和针叶林中，也出现于杂木林和次生林，甚至出现于村边和耕地中的零星乔木树上，分布海拔高度可达 2 500m 以上。

保护价值：自然环境变化的指示性动物之一，具有重要的生态、科研价值。

119. 大斑啄木鸟 | *Dendrocopos major* (Linnaeus)
啄木鸟目　啄木鸟科

别　　名：花啄木、斑啄木鸟。

保护级别：浙江省重点保护野生动物。

形态特征：大斑啄木鸟属中型啄木鸟，体长 20~25 cm。雄鸟头顶黑色，额棕白色，颊和耳羽白色。枕部具红斑，后枕具一窄的黑色横带。后颈及颈两侧白色，形成一白色领圈。上体黑色，肩和翅上各具一大白斑。尾黑色，外侧尾羽具黑白相间横斑，飞羽亦具黑白相间横斑。颏、喉、前颈至胸以及两胁、腹污白色，无斑；下腹和尾下覆羽鲜红色。幼鸟（雄性）整个头顶暗红色，枕、后颈、背、腰、尾上覆羽和两翅黑褐色，较成鸟浅淡。雌鸟头顶、枕至后颈黑色，无红斑，其余似雄鸟。

虹膜褐色，嘴灰褐色，脚灰色。

分布范围：天目山、清凉峰、青山湖、锦北街道。留鸟，少见。栖息于山地和平原针叶林、针阔叶混交林和阔叶林中，尤以混交林和阔叶林较多，也出现于林缘次生林和农田地边疏林及灌丛地带。

保护价值：自然环境变化的指示性动物之一，具有重要的生态、科研价值。

120. 灰头绿啄木鸟 | *Picus canus* Gmelin
啄木鸟目 啄木鸟科

别　　名：黑枕绿啄木鸟、绿啄木鸟。

保护级别：浙江省重点保护野生动物。

形态特征：灰头绿啄木鸟属中型绿色啄木鸟，体长 24~31 cm。雄鸟额基灰色杂有黑色，额、头顶朱红色，头顶后部、枕和颈侧、后颈灰色或暗灰色、杂以黑色纹；眼先黑色，眉纹灰白色，颊纹黑色窄而明显。背和翅上覆羽橄榄绿色，腰及尾上覆羽黄绿色。中央尾羽橄榄褐色，外侧尾羽黑褐色具暗色横斑。初级飞羽黑色，具白色横斑，次级飞羽橄榄黄色，白斑不明显。下体颏、喉和前颈灰白色，胸、腹和两胁灰绿色，尾下覆羽灰绿色。雄性幼鸟嘴基灰褐色，额红色，头顶暗灰绿色具淡黑色斑点，头侧至后颈暗灰色，两胁、下腹至尾下覆羽灰白色，夹杂淡黑色斑点和横斑。其余同成鸟。雌鸟额至头顶暗灰色，其余同雄鸟。

虹膜橙黄色，嘴灰褐色，脚灰褐色。

分布范围：天目山、清凉峰。留鸟，少见。主要栖息于低山阔叶林和混交林，也出现于次生林和林缘地带。

保护价值：自然环境变化的指示性动物之一，具有重要的生态、科研价值。

121. 红隼 | *Falco tinnunculus* Linnaeus
隼形目 隼科

别　　名：红鹰、茶隼、红鹞子。

保护级别：国家Ⅱ级重点保护野生动物。

形态特征：红隼属小型猛禽，体长26~35cm。雄鸟头顶、头侧、后颈、颈侧灰褐色，具黑色细纹；前额、眼先和细窄的眉纹棕白色。眼下宽的黑色髭纹沿口角垂直向下。颏、喉乳白色或棕白色。上体砖红色，具三角形黑斑；腰和尾上覆羽蓝灰色。尾蓝灰色，具宽的黑色次端斑和窄的白色端斑。初级覆羽和飞羽黑褐色，具淡灰褐色端缘。胸、腹和两肋棕黄色，胸和上腹缀黑褐色细纵纹，下腹和两肋具黑褐色矢状斑。雌鸟体型略大，上体棕红色，脸颊和眼下口角髭纹黑褐色。头顶至后颈以及颈侧具粗著的黑褐色纹；背到尾上覆羽具粗大黑褐色横斑；尾棕红色，具9~12条黑色横斑；翅上覆羽与背同为棕黄色，初级覆羽和飞羽黑褐色，具窄的棕红色端斑。下体乳黄色微沾棕色，胸、腹和两肋具黑褐色纵纹，覆腿羽和尾下覆羽乳白色，翅下覆羽和腋羽淡棕黄色，密被黑褐色斑点，飞羽和尾羽下面灰白色，密被黑褐色横斑。幼鸟似雌鸟，但上体斑纹较粗著。

虹膜暗褐色，眼睑黄色。嘴灰褐色，先端黑色，基部黄色；蜡膜黄色。脚深黄色，爪黑色。

分布范围：清凉峰、青山湖、锦北街道、锦南街道。留鸟，少见。栖息于森林、丘陵、草原、旷野、平原、灌丛和农田。

保护价值：列入《濒危野生动植物种国际贸易公约》（CITES）附录Ⅱ。自然环境变化的指示性动物之一，具有重要的生态、科研价值。

122. 红脚隼 | *Falco amurensis* Radde
隼形目 隼科

别　　名：阿穆尔隼、青鹰、青燕子。

保护级别：国家Ⅱ级重点保护野生动物。

形态特征：红脚隼属小型猛禽，体长 26～31 cm。雄鸟、雌鸟及幼鸟体色有差异。雄鸟头及上体深烟灰色；下体浅灰色，胸腹部无纵纹；腹部和尾下覆羽棕红色。飞行时黑色飞羽与白色翼下覆羽形成鲜明对比。雌鸟额白色，头顶灰色具黑色纵纹；喉白，眼下具黑色髭纹。上体具鳞状横纹，背及尾灰，尾具黑色横斑。下体乳白色，上胸具醒目的黑色纵纹，下胸至腹部具黑色矛状横斑；翼下覆羽白色并具黑色斑点。亚成鸟似雌鸟，但上体较褐，具宽的淡棕褐色端缘和显著的黑褐色横斑；下体棕白色，胸腹部棕褐色纵纹杂乱细密明显。

虹膜褐色，眼圈橘红色。嘴橘红色，尖端黑色；蜡膜橘红。脚橘红色，爪黄色。

分布范围：青山湖、天目山镇。过境鸟，偶见。主要栖息于低山疏林、林缘、山脚平原、丘陵地区的沼泽、草地、河流、山谷和农田耕地等开阔地区，尤其喜欢具有稀疏树木的平原、低山和丘陵地区。

保护价值：列入《濒危野生动植物种国际贸易公约》（CITES）附录Ⅱ。自然环境变化的指示性动物之一，具有重要的生态、科研价值。

123. 灰背隼 | *Falco columbarius* Linnaeus
隼形目 隼科

别　　名：灰鹞子、鸽子鹰。

保护级别：国家Ⅱ级重点保护野生动物。

形态特征：灰背隼属小型猛禽，体长25~33cm。雄鸟背部蓝灰色，头部泛青，前额、眼先、眉纹、头侧、颊和耳羽污白色，微缀皮黄色；后颈蓝灰色，具一棕褐色领圈，并杂有黑斑。颊部、喉部白色，其余下体淡棕色，具明显棕褐色纵纹。翼端不尖锐，翼指明显，飞行时可见翅下飞羽、覆羽密布深褐色斑点。尾羽具宽的黑色亚端斑和窄的白色端斑。雌鸟或亚成鸟似红隼，但整体更偏红褐色，眉纹和髭斑比雄鸟更明显；腹部白色，有红褐色纵纹，背部常有不规则浅色斑。

虹膜暗褐色，眼周黄色。嘴灰褐色，尖端黑色；蜡膜黄色。脚橙黄色，爪黑色。

分布范围：青山湖。冬候鸟，罕见。栖息于开阔的低山丘陵、山脚平原、森林平原、海岸和森林苔原地带，特别是林缘、林中空地、山岩和有稀疏树木的开阔地方，冬季和迁徙季节也见于荒山河谷、平原旷野、草原灌丛和开阔的农田草坡地区。

保护价值：列入《濒危野生动植物种国际贸易公约》（CITES）附录Ⅱ。自然环境变化的指示性动物之一，具有重要的生态、科研价值。

124. 燕隼 | *Falco subbuteo* Linnaeus
隼形目 隼科

别　　名：燕虎、虫鹞、青条子。

保护级别：国家Ⅱ级重点保护野生动物。

形态特征：燕隼属小型猛禽，体长 28~35 cm。无明显翼指，雌雄同型，身体修长，停落时翅尖略过尾端似燕。上体深灰色，具白色细眉纹；头部近黑色，于眼下、耳部伸出 2 道粗重的鬓斑，颊部垂直向下的黑色髭纹明显；颈部的侧面、喉部、胸部和腹部均白色，胸、腹部具黑色粗纵纹，下腹部至尾下覆羽棕红色。尾羽灰褐色，具棕色或黑褐色横斑。飞翔时翅膀狭长而尖，翼下白色，密布黑褐色横斑。亚成鸟似成鸟，但体色略暗黄，臀部无棕褐色；胸腹部纵纹细，脚、喙灰色。

虹膜黑褐色，眼周黄色。嘴灰色，尖端黑色；蜡膜黄色。脚黄色，爪黑色。

分布范围：青山湖、潜川镇。夏候鸟，偶见。营巢于疏林或林缘和田间的高大乔木树上，通常自己很少营巢，而是侵占乌鸦和喜鹊的巢。常在田边、林缘和沼泽地上空飞翔捕食，有时也到地上捕食。

保护价值：列入《濒危野生动植物种国际贸易公约》（CITES）附录Ⅱ。自然环境变化的指示性动物之一，具有重要的生态、科研价值。

125. 游隼 | *Falco peregrinus* Tunstall
隼形目 隼科

别　　名：鸭虎、花梨鹰。

保护级别：国家 Ⅱ 级重点保护野生动物。

形态特征：游隼属大型隼类，体长 38~50cm，雌鸟比雄鸟体大。头顶和后颈灰褐色到黑色，有的缀有棕色；背、肩深灰色，具黑褐色细纹和横斑；尾暗灰色，具黑褐色横斑和淡色尖端。翅上覆羽淡灰色，具黑褐色细纹和横斑；飞羽黑褐色，具污白色端斑和微缀棕色斑纹。脸颊部和宽阔而下垂的髭纹黑褐色。喉和髭纹前后白色，其余下体白色；上胸和颈侧具细的黑褐色细纹，其余下体具黑褐色横斑；翼下覆羽、腋羽白色，密布黑褐色横斑。幼鸟上体暗褐色，具棕色羽缘；下体淡黄褐色，具粗着的黑褐色纵纹；尾灰褐色，具棕色横斑。

虹膜黑色。嘴灰色，尖端黑色；蜡膜黄色。脚黄色，爪黑色。

分布范围：青山湖、潜川镇。留鸟或候鸟，偶见。栖息于山地、丘陵、荒漠、半荒漠、海岸、旷野、草原、河流、沼泽与湖泊沿岸地带，也到开阔的农田、耕地和村屯附近活动。

保护价值：列入《濒危野生动植物种国际贸易公约》（CITES）附录 Ⅰ。自然环境变化的指示性动物之一，具有重要的生态、科研价值。

126. 仙八色鸫 | *Pitta nympha* Temminck & Schlegel
雀形目 八色鸫科

保护级别：国家Ⅱ级重点保护野生动物。

形态特征：仙八色鸫属中型八色鸫，体长约18~20cm。色彩艳丽，头大尾短。雄鸟前额至枕部深栗色，有黑色中央冠纹，眉纹淡黄、窄而长，自额基一直延伸到后颈两侧。眉纹下具一宽阔的黑色贯眼纹，经眼先、颊、耳羽一直到后颈左右汇合。背、肩及飞羽、覆羽蓝绿色，尾羽黑色；初级飞羽中段蓝白色，形成显著翼斑；喉白色，下体淡黄褐色，腹中部及尾下覆羽朱红色。雌鸟羽色似雄但较浅淡。

虹膜褐色，嘴黑色，脚肉色或淡黄褐色。

分布范围：天目山、清凉峰。夏候鸟，罕见。栖息于平原至低山的次生阔叶林内。

保护价值：列入《濒危野生动植物种国际贸易公约》（CITES）附录Ⅱ。自然环境变化的指示性动物之一，具有重要的生态、科研价值。

127. 黑枕黄鹂 | *Oriolus chinensis* Linnaeus
雀形目 黄鹂科

别　　名：黄莺。

保护级别：浙江省重点保护野生动物。

形态特征：黑枕黄鹂属中型鸣禽，体长 23~27 cm。雄鸟额、头顶金黄色，发达的黑色贯眼纹向后枕延伸，在后枕相连形成围绕头顶的黑色宽带。上下体羽大都金黄色，下背稍沾绿色，腰和尾上覆羽柠檬黄色。两翅黑色，初级飞羽具黄白色或黄色羽缘和尖端，次级飞羽黑色，具宽的黄色羽缘，三级飞羽几全为黄色。尾黑色，两侧尾羽具宽阔的黄色端斑。雌雄羽色相似但雌羽较暗淡。幼鸟与雌鸟相似，上体黄绿色，下体近白而具黑色纵纹。

虹膜黄褐色，嘴粉红色，脚灰褐色。

分布范围：天目山、清凉峰、青山湖、锦城街道、锦北街道。夏候鸟，少见。主要栖息于低山丘陵和山脚平原地带的天然次生阔叶林、混交林，也出入于农田、原野、村寨附近和城市公园的树上。

保护价值：自然环境变化的指示性动物之一，具有重要的生态、科研价值。

128. 寿带 | *Terpsiphone incei* (Linnaeus)
雀形目 王鹟科

别　　名：绶带、长尾鹟、紫带子、白带子、长尾巴练、练鹊、三光鸟、一枝花、紫长尾、紫带子。

保护级别：浙江省重点保护野生动物。

形态特征：寿带属大型鹟类，雌鸟体长 17~22 cm，雄鸟体长 19~49 cm。雌雄异形。雄鸟具 2 种色型，栗色型头部及额、喉和上胸蓝黑色，富有金属光泽，羽冠显著；眼圈亮蓝色。背、肩、腰和尾上覆羽、尾羽深栗红色；1对中央尾羽特别延长，羽干暗褐色；胸和两胁灰色，往后逐渐变淡，到腹和尾下覆羽全为白色。白色型整个头、颈、颊、喉似栗色型，亮蓝黑色；但背至尾等上体白色；1 对白色中央尾羽特别延长，具窄的黑色纵纹；翅上覆羽白色具细窄纵纹；黑色小翼羽和外侧初级覆羽黑褐色，羽缘白色，其余飞羽黑褐色，除最外侧 1~2 枚外，均具白色羽缘。胸至尾下覆羽纯白色。眼圈辉蓝色。雌鸟头、颈与雄鸟相似，但蓝色较淡，羽冠稍短，后颈暗紫灰色，眼圈淡蓝色；上体余部包括两翅和尾表面栗色，中央尾羽不延长。外侧覆羽和飞羽黑褐色，下体似栗色型雄鸟，尾下覆羽微沾淡栗色。

虹膜暗褐色。嘴蓝灰色，宽阔而扁平，口裂大。脚蓝灰色。

分布范围：天目山、清凉峰、青山湖、锦城街道、锦北街道。夏候鸟，偶见。主要栖息于海拔 1 200m 以下的低山丘陵和山脚平原地带的阔叶林和次生阔叶林中，也出没于林缘疏林和竹林，尤其喜欢沟谷和溪流附近的阔叶林。

保护价值：自然环境变化的指示性动物之一，具有重要的生态、科研价值。

129. 虎纹伯劳 | *Lanius tigrinus* Drapiez
雀形目 伯劳科

别　　名: 虎不拉。

保护级别: 浙江省重点保护野生动物。

形态特征: 虎纹伯劳属小型伯劳，体长 15~19cm，明显喙厚尾短眼大。雄鸟头顶至上背灰色；宽阔的黑色贯眼纹自前额基部、眼先向后经眼达耳区。肩、背至尾上覆羽栗褐色，密布黑色鳞状斑；尾羽棕褐，飞羽暗褐色，具横纹。下体几全部纯白色，仅胁部稍暗灰色，具稀疏、零散的不明显鳞斑。雌鸟额基黑斑较小；眼先和眉纹暗灰白色；胸侧及两胁白色，杂有黑褐色横斑；余部与雄鸟相似，但羽色不及雄鸟鲜亮。幼鸟头顶与背羽均栗褐色，满布黑褐色横斑，过眼纹褐色或不显著，下体胸、胁部满布黑褐色鳞斑。

虹膜褐色，嘴黑色，脚灰褐色。

分布范围: 青山湖、锦城街道、锦北街道。夏候鸟，少见。平原至丘陵、山地均有分布，但较多见于丘陵至低山区，喜栖息在疏林边缘、带荆棘的灌木以及洋槐等阔叶树。

保护价值: 自然环境变化的指示性动物之一，具有重要的生态、科研价值。

130. 牛头伯劳 | *Lanius bucephalus* Temminck & Schlegel
雀形目 伯劳科

别　　名：虎不拉。

保护级别：浙江省重点保护野生动物。

形态特征：牛头伯劳属中型伯劳，体长 19~23cm。雄鸟头顶至上背栗色；眉纹白色，眼先、眼周及耳羽黑褐色形成贯眼纹。背、腰、尾上覆羽以及肩羽为灰褐色；内侧飞羽及覆羽外沿及羽端有淡棕色缘；初级飞羽基部白色，构成鲜明翅斑；中央尾羽黑褐色，其余尾羽灰褐，具淡灰色端缘。颏、喉污白，喉侧、胸、胁、腹侧及覆腿羽棕黄；腹中至尾下覆羽污白；颈侧、胸及胁部具细小而模糊不清的褐色鳞纹。

雌鸟白色眉纹窄而不显著，贯眼纹栗色或淡褐色。上体羽色似雄鸟但更沾棕褐，无白色翅斑，下体似雄鸟。幼鸟额、头顶至上背棕栗，向后至尾上覆羽栗色稍淡；上体满布黑褐色横斑；贯眼纹黑褐，不具白眉纹；尾羽黑褐具淡棕端；覆羽及飞羽黑褐。下体污白色，自颏、喉至尾下覆羽有黑褐色鳞纹；在胸、胁部的横纹较粗重。

虹膜深褐色。嘴灰褐色，基部色淡。脚黑色。

分布范围：青山湖、锦北街道、锦南街道、潜川镇、太湖源镇。冬候鸟或旅鸟，偶见。栖息于山地稀疏阔叶林或针混交林的林缘地带。

保护价值：自然环境变化的指示性动物之一，具有重要的生态、科研价值。

131. 红尾伯劳 | *Lanius cristatus* Linnaeus
雀形目 伯劳科

别　　名： 虎不拉。

保护级别： 浙江省重点保护野生动物。

形态特征： 红尾伯劳属中型伯劳，体长 18~21cm。额和头顶前部淡灰色（普通亚种）或红棕色（指名亚种），头顶至后颈灰褐色；眼先至眼后黑色贯眼纹发达，上方具一窄的白色眉纹。上背、肩暗灰褐色（普通亚种）或棕褐色（指名亚种），下背、腰棕褐色。尾上覆羽棕红色，尾羽棕褐色具不明显暗褐色横斑。两翅黑褐色，翅缘白色。颏、喉和颊白色，其余下体棕白色，两胁较多棕色。雌鸟和雄鸟相似，但羽色较淡，贯眼纹黑褐色。幼鸟上体棕褐色，各羽均缀黑褐色横斑和棕色羽缘，下体棕白色，胸和两胁满杂以细的黑褐色波状横斑。

虹膜深褐色，嘴灰褐色，脚黑褐色。

分布范围： 青山湖、锦北街道、清凉峰镇。过境鸟或夏候鸟，偶见。主要栖息于低山丘陵和山脚平原地带的灌丛、疏林和林缘地带。

保护价值： 自然环境变化的指示性动物之一，具有重要的生态、科研价值。

132. 棕背伯劳 | *Lanius schach* Linnaeus
雀形目 伯劳科

别　　名：虎不拉。

保护级别：浙江省重点保护野生动物。

形态特征：棕背伯劳属中大型伯劳，体长23~28cm。额黑色，宽阔的黑色贯眼纹发达；头大，头顶至后颈黑色或灰黑色，背、腰及体侧棕红色；翅短圆，两翅黑色，具白色翼斑。尾长，黑色，外侧尾羽皮黄褐色。颏、喉、胸及腹中部白色，其余下体淡棕色或棕白色，两胁和尾下覆羽棕红色或浅棕色。亚成鸟色较暗，两胁及背具横斑，头及颈背灰色较重。

虹膜深褐色，嘴灰褐色，脚黑色。

分布范围：天目山、清凉峰、青山湖、锦城街道、锦北街道、锦南街道、玲珑街道、天目山镇、太湖源镇、昌化镇。留鸟，常见。主要栖息于低山丘陵和山脚平原地区，夏季可上到海拔2 000m左右的中山次生阔叶林和混交林的林缘地带，有时也到园林、农田、村宅河流附近活动。

保护价值：自然环境变化的指示性动物之一，具有重要的生态、科研价值。

133. 楔尾伯劳 | *Lanius sphenocercus* Cabanis
雀形目 伯劳科

别　　名：长尾灰伯劳。

保护级别：浙江省重点保护野生动物。

形态特征：楔尾伯劳属大型伯劳，体长 25~31cm。雄鸟额基白色，向后延伸为白色眉纹。黑色贯眼纹宽而发达。喙强健，先端具钩、缺刻和齿突。额、头顶、枕、后颈、背至尾上覆羽淡灰色。颊、颈侧、颏、喉直至整个下体白色。肩羽与背同色。飞羽黑色，羽基白色，构成醒目的白色翼斑。翼上覆羽黑色。尾凸形，中央 2 对尾羽黑色，其余尾羽基部黑色，端部白色，越往外白色区域越大，最外 3 枚尾羽白色。雌鸟羽色似雄鸟，但黑羽染褐。幼鸟上体略呈淡褐，下体灰白色，微具暗褐色鳞纹。

虹膜深褐色。嘴黑色，下基部灰白。脚黑褐色。

分布范围：青山湖。旅鸟，罕见。主要栖息于低山、平原和丘陵地带的疏林和林缘灌丛草地，也出现于农田地边和村屯附近的树上，冬季有时也到芦苇丛中活动和觅食。

保护价值：自然环境变化的指示性动物之一，具有重要的生态、科研价值。

134. 画眉 | *Garrulax canorus* (Linnaeus)
雀形目 噪鹛科

保护级别： 浙江省重点保护野生动物。

形态特征： 画眉属中型鹛类，体长 19~26cm，雌雄羽色相似。头顶至上背具黑褐色纵纹，眼圈白色并向后延伸成狭窄的眉纹。头侧包括眼先和耳羽暗棕褐色，其余上体包括翅上覆羽棕橄榄褐色，两翅飞羽暗褐色，尾羽浓褐或暗褐色、具多道不甚明显的黑褐色横斑，尾末端较暗褐。颈、喉、上胸和胸侧棕黄色杂以黑褐色纵纹，其余下体亦为棕黄色，两胁较暗无纵纹，腹中部污灰色，肛周沾棕，翼下覆羽棕黄色。幼鸟上体淡棕褐色无纵纹，尾亦无横斑，下体绒羽棕白色亦无纵纹或横斑。亚成鸟和成鸟相似，但羽色稍暗，头顶至上背、喉至胸均有黑褐色纵纹。

虹膜橙黄色或黄色，嘴黄褐色，脚黄褐色。

分布范围： 天目山、清凉峰、青山湖、锦北街道、锦南街道、玲珑街道、高虹镇、太湖源镇、於潜镇、天目山镇、潜川镇、昌化镇、河桥镇、龙岗镇、湍口镇。留鸟，常见。主要栖息于海拔 1 500m 以下的低山、丘陵和山脚平原地带的矮树丛和灌木丛中，也栖于林缘、农田、旷野、村落和城镇附近小树丛、竹林及庭园内。

保护价值： 我国特有鸟类，列入《濒危野生动植物种国际贸易公约》（CITES）附录Ⅱ。自然环境变化的指示性动物之一，具有重要的生态、科研价值。

135. 红嘴相思鸟 | *Leiothrix lutea* (Scopoli)
雀形目 噪鹛科

别　　名：相思鸟、红嘴鸟。

保护级别：浙江省重点保护野生动物。

形态特征：红嘴相思鸟属中小型鹛类，体长 13~16cm。雌鸟和雄鸟相似，额、头顶、枕和上背橄榄绿色，眼先、眼周淡黄色，耳羽浅灰色或橄榄灰色。下背、腰和尾上覆羽暗灰橄榄绿色。覆羽大部暗橄榄绿色，飞羽黑褐色，向内渐深；黄色、红色羽缘形成明显的红色或黄色翅斑。尾略叉状，近黑色。颏、喉黄色，上胸橙红色，形成一明显胸带，下胸、腹和尾下覆羽黄白色或乳黄色，腹中部较白，两胁橄榄绿灰色或浅黄灰色。翅下覆羽灰色。

虹膜暗褐色。嘴红色，基部褐色。脚肉黄色。

分布范围：清凉峰、天目山、青山湖、锦北街道、太湖源镇、龙岗镇。留鸟，常见。主要栖息于海拔 1 200~2 800m 的山地常绿阔叶林、常绿落叶混交林、竹林和林缘疏林灌丛地带，冬季多下到海拔 1 000m 以下的低山、山脚、平原与河谷地带活动，有时也进到村舍、庭院和农田附近的灌木丛中觅食。

保护价值：列入《濒危野生动植物种国际贸易公约》(CITES) 附录 Ⅱ 。自然环境变化的指示性动物之一，具有重要的生态、科研价值。

136. 普通鸭 | *Sitta europaea* Linnaeus
雀形目 鸭科

别　　名：茶腹鸭，蓝大胆，贴树皮，穿树皮。

保护级别：浙江省重点保护野生动物。

形态特征：普通鸭属中等的鸭，体长 11~15cm。身体背面为蓝灰色，具 1 条明显的黑色贯眼纹沿头侧伸向颈侧，飞羽黑色。喉、颈侧和胸部白色，腹部两侧栗色，下腹淡皮黄色。尾羽短，中央 1 对尾羽蓝灰色，其余黑色；尾下覆羽白色具栗色羽缘。雌雄同色，雄性个体略大。体型似山雀，喙细长而直；趾 3 前 1 后，后趾与中趾等长，腿细弱。

虹膜深褐色，嘴黑色，脚灰褐色。

分布范围：天目山。留鸟，罕见。见于海拔 300~3 200m 的山林间、针阔混交林及阔叶林和针叶林内，有时也活动于村落附近的树丛中。能在树干向上或向下攀行，啄食树皮下的昆虫，亦有时以螺旋形沿树干攀缘活动。

保护价值：自然环境变化的指示性动物之一，具有重要的生态、科研价值。

137. 黄胸鹀 | *Emberiza aureola* Pallas
雀形目 鹀科

别　　名：禾花雀、黄胆、麦黄雀。

保护级别：浙江省重点保护野生动物。

形态特征：黄胸鹀属小型鸣禽，体长 14~15cm。雄鸟额、头顶、颏、喉黑褐色，头顶和上体栗色或栗红色；尾黑褐色，外侧两对尾羽具长的楔状白斑；两翅棕褐色，翅上具一窄的白色横带和一宽的白色翅斑。下体鲜黄色，胸部横贯深栗色横带。雌鸟上体棕褐色或黄褐色、具粗着的黑褐色中央纵纹，腰和尾上覆羽栗红色，两翅和尾暗褐色，中覆羽具宽阔的白色端斑，大覆羽具窄的灰褐色端斑，亦形成 2 道淡色翅斑，眉纹皮黄白色。下体淡黄色，胸无横带，两胁具栗褐色纵纹。亚成体顶纹沙色，两侧冠纹略深；眉纹皮黄色较明显；背部颜色和纵纹比雄鸟略浅；肩上白斑和翅斑较雄鸟灰暗，下体黄色较黯淡。

虹膜深褐色。上嘴灰色，下嘴粉褐色。脚淡褐色。

分布范围：青山湖、清凉峰镇。旅鸟，罕见。栖息于低山丘陵和开阔平原地带的灌丛、草甸、草地和林缘地带，尤其喜欢溪流、湖泊和沼泽附近的灌丛、草地。非繁殖期则喜成群，特别是迁徙期间和冬季。

保护价值：2017 年国际自然保护联盟（IUCN）濒危物种红色名录列为极危级别。自然环境变化的指示性动物之一，具有重要的生态、科研价值。

兽　类

　　哺乳动物统称为兽类，在分类系统上属于哺乳纲，为脊椎动物中最高等的一个类群，是古爬行类经过漫长的历史进化而来的。哺乳动物的形态结构最高等，生理机能最完善，能使其适应极其复杂多变的环境条件。因此，它们广泛分布于世界各地，占领了地球上一切适于生存的空间，成为自然领域里的统治类群。

　　现存哺乳纲又分为3个亚纲，即原兽亚纲、后兽亚纲和真兽亚纲，经过多年的调查和研究，发现临安珍稀野生哺乳动物有25种，分属5目11科24属。其中，国家Ⅰ级重点保护野生动物有4种，占临安珍稀野生兽类的16%；国家Ⅱ级重点保护野生动物有10种，占40%；浙江省重点保护野生动物11种，占44%。

138. 猕猴 | *Macaca mulatta* Zimmermann
灵长目 猴科

别　　名：猴子、猢狲、恒河猴

保护级别：国家Ⅱ级重点保护野生动物

形态特征：猕猴身体、四肢都比较细长，尾长超过后足长。体重4kg左右，体长一般为45~65cm，尾长约18~22cm，后足长14~18cm。颜面部较短而狭窄，吻部突出，眼眶向前。鼻骨短，左右相连，略呈三角形。前颌骨在鼻孔的前下方，其外侧上颌骨构成颜面的主要部分。颧弓较宽，人字脊不发达，仅在两侧隆起，后缘平圆。有颊囊，用于暂时贮藏食物。前后肢具有偏平的指(趾)甲。颜面和耳呈肉色，因年龄和性别而有差异。幼时面部白色，成年渐红，雌性尤甚。臀胝明显，多为红色。身体背部及四肢外侧为棕黄色，背部以下具有橙黄色光泽；肩部毛较长呈灰色；颈、胸淡灰色，腹部灰白色。由于年龄的不同，毛色亦有深浅的变异。

分布范围：分布于天目山、清凉峰、太湖源、湍口镇及岛石镇等地。栖息于山区阔叶林、针阔混交林中，也见于竹林及疏林裸岩等处。

保护价值：具有重要的科研价值。列入《濒危野生动植物种国际贸易公约(CITES)》附录Ⅱ，国际间限制进出口贸易。

139. 穿山甲 | *Manis pentadactyla* Linnaeus
鳞甲目　穿山甲科

别　名：鲮鲤、龙狸、石鲮鱼

保护级别：国家Ⅱ级重点保护野生动物

形态特征：穿山甲体重 1.5~3 kg，体长 40~50cm，尾长 25~35cm。全身大部被覆瓦状排列的角质鳞片，数目约在 500 片以上，鳞片间杂有硬毛。背鳞呈阔菱形，鳞基部有纵纹；腹侧、前肢近腹面内侧和后肢的鳞片呈盾形，鳞片中央具棱状突起；尾侧鳞呈三角形折合状。体狭长，半筒状，头圆锥状，吻尖长，耳筒状，无齿，舌长达 200mm。吻端裸露呈肉色，两颊、眼、颏及喉不被鳞，而被黄白或棕色的稀毛。腹面自下颌、胸、腹至尾基部均无鳞甲，有稀毛。四肢短，具 5 趾，前足爪发达，尤其是中趾的爪特别强大，行走时前足以爪背着地。

分布范围：主要林区均有分布。主要栖息于土质疏松的林中，掘穴而居，洞口很隐蔽，昼伏夜出。能游泳，会爬树，善挖洞。以长舌舔食白蚁和各种黑蚁。

保护价值：穿山甲为白蚁天敌，对人类有益。列入《濒危野生动植物种国际贸易公约 (CITES)》附录Ⅱ，国际间限制进出口贸易。

140. 狼 | *Canis lupus* Linnaeus
食肉目 犬科

别　　名： 豺狼、狼狗、毛狗、黄狼

保护级别： 浙江省重点保护野生动物

形态特征： 狼形似家犬而较大，体重 28.5 kg 左右，体长 120cm 左右，尾长 40cm 左右。吻部较尖，嘴较阔，耳直立，向前折可达眼部。四肢强健，尾粗短，低垂而不弯曲，毛蓬松。体棕灰色，头部浅灰色，额顶和上唇棕灰色，耳背棕褐色，颈背棕灰色，颈腹至下颏浅棕色；体背棕灰色，部分毛尖黑色，形成明显的纵纹；体侧和四肢外缘为淡黄色，前肢背面有一条黑色纵斑；腹部和四肢内侧灰白色；尾棕灰与体背相同，尾端黑色。头骨较狭长，吻部长而尖。

分布范围： 分布于清凉峰、天目山及附近山区。栖息于山区和丘陵地带的森林、灌木丛、草丛中。

保护价值： 具有重要的科研价值。

141. 赤狐 | *Vulpes vulpes* Linnaeus
食肉目　犬科

别　　名：狐狸、红狐、赤狐、草狐、毛狗

保护级别：浙江省重点保护野生动物

形态特征：赤狐体形细长，体重 5.4 kg 左右，体长 76 cm 左右，尾长 34 cm 左右。颜面部狭，吻尖而长，耳高而尖，直立。四肢较短，尾长而粗，略超过体长之半，尾毛长而蓬松。头骨较窄，吻部狭长。体背中部为红棕色，颈、肩和身体两侧略浅而带黄色，并杂以少许黑棕色毛；头部灰棕色，部分毛尖为白色；耳下和颈侧毛色略浅，耳背黑色或黑棕色，耳缘灰棕色；唇颊部、下颏至胸为灰白色，腹部浅灰棕色；四肢外侧与背部相同，为棕灰色和红棕色，内侧浅黄棕色，前肢外侧有 1 条黑色纵纹，由上臂一直延伸到脚掌背面；尾背红棕色，部分毛尖黑色，使形成明显的横纹，尾端白色。

分布范围：分布于清凉峰、天目山等地。栖息环境十分广泛，在丘陵、山区和城镇周围的森林、灌木丛、草甸都有。

保护价值：赤狐主要以鼠类为食，有益于农林业。具有重要的科研价值。

142. 貉 | *Nyctereutes procyonoides* Gray
食肉目 犬科

别　　名： 狸、貉子

保护级别： 浙江省重点保护野生动物

形态特征： 貉体小似狐，躯干粗胖，体重 5 kg 左右，体长 60 cm 左右，尾长 20 cm 左右。吻尖而短，耳短而圆。四肢短，尾短。周身及尾部覆长毛而蓬松。头狭长，具扩张的颧弓，鼻骨狭长。吻部、眼上、腮部、颈侧至躯体背面和侧面均为浅黄色或棕黄色；两颊连同眼周毛色黑褐，形成明显的"八"字形黑纹；体背棕灰色，也有略带棕黄色，背中央杂以黑色，故从头部到尾部，形成一条黑色纵纹；四肢浅黑或咖啡色，尾毛腹面浅灰色。

分布范围： 分布于临安全境。见于平原、草原、丘陵及部分山地。

保护价值： 具有重要的科研价值。

143.豺 | *Cuon alpinus* Pallas
食肉目 犬科

别　　名：豺狗、红狗、豺狼、红狼、棒子狗、掏狗

保护级别：国家 II 级重点保护野生动物

形态特征：豺体似犬而小于狼，略大于狐，体重 17.5kg 左右，体长 110cm 左右。耳和四肢均短，尾长约为体长的 1/3 或稍长。头额较宽，吻部较短。头颅略长，吻部较短而宽。鼻骨较长，额骨中间较隆起。眶后突短而钝，矢状脊较低而不显，人字脊较发达。颈部毛蓬松而略长于体毛。通体毛色棕黄、浅棕而杂以黑色，背中部比体侧深；头部灰棕色，吻部和颌上缘棕褐色，耳廓棕黄色，内缘灰白色；胸腹部灰白色；四肢外侧棕黄色与背部相同，内侧灰白色与胸腹部相同；尾棕褐色，尾端色深近黑。

分布范围：分布于清凉峰、天目山等地。栖息环境较为广泛，以山地、丘陵为主。常在草丛、灌木林中出现。

保护价值：具有重要的科研价值。列入《濒危野生动植物种国际贸易公约（CITES）》附录 II，国际间限制进出口贸易。

144. 黄喉貂 | *Martes flavigula* Boddaert
食肉目 鼬科

别　　名： 黄猺、青鼬、蜜狗、两头乌、黄腰狸

保护级别： 国家Ⅱ级重点保护野生动物

形态特征： 黄喉貂为貂属中最大的一种，大小似家猫，但体型细长，呈圆筒形。体重 2.2kg 左右，体长 52cm 左右，尾长 36cm 左右。头较小而尖，鼻吻部尖长，耳小而圆。四肢强健而短，前后肢各具 5 趾，爪弯曲而锐利并有伸缩性。尾长超过体长之半，圆柱状。头圆长，鼻骨较短，额稍突出。体躯前半部棕黄，腰部略浅，后半部黑褐色。头部自吻、额至头顶为暗褐色，颊部和耳内侧色较浅带黄色，耳后部位黑褐色；颈背前段中央暗褐，有部分棕色毛尖，后段至肩部为深棕色；背部棕黄色，腰部以后转为暗褐色，臀部及尾色最深，近乎黑色，故俗称"两头乌"；体腹面颜色较淡，喉沙黄，颈腹与胸部为浅棕黄色，腹部更淡为沙黄色；四肢下段均为黑褐色。

分布范围： 分布于清凉峰、天目山等地。栖息于丘陵、山地林中，尤喜沟谷灌丛。

保护价值： 具有重要的科研价值。

145. 黄腹鼬 | *Mustela kathiah* Hodgson
食肉目 鼬科

别　　名：香菇狼、松狼、小黄狼

保护级别：浙江省重点保护野生动物

形态特征：黄腹鼬比黄鼬小，体型细长，四肢短。体重233g左右，体长26cm左右，尾细长，超过体长之半。头骨狭长，吻短。蹠行型，掌生稀疏短毛。体毛与尾毛均较短。体背和腹面毛色截然不同。背面自头、颈背部、尾以及四肢外侧均为栗褐色；上唇后段、下唇和颏均黄白色；颈下、胸、腹部为鲜艳的金黄色，腹侧分界线清晰；四肢内侧亦为金黄，在前足掌部内侧有一小块白色毛区。

分布范围：临安全境都有分布。栖息于山区森林、山地灌丛、河谷等，亦在农田、村落附近活动。

保护价值：黄腹鼬能捕食鼠类，对农、林等有益。

146. 黄鼬 | *Mustela sibirica* Pallas
食肉目 鼬科

别　　名：黄鼠狼、黄狼、黄鼠猫

保护级别：浙江省重点保护野生动物

形态特征：黄鼬体小型，头细颈长，耳廓短小，四肢短。体重280~450 g，体长30~44 cm，尾长15~22 cm，约为体长之半，尾毛较蓬松。雄性个体较雌性大。鼻端突出无毛，上唇具粗长髭毛。头骨狭长，颧弓窄，吻部宽短。四肢具五趾，足半蹠行性。冬毛长而蓬松，夏秋毛绒短而稀，尾毛不蓬松。全身棕黄色，腹面稍淡；吻端、眼周、额部为暗褐色；鼻孔下缘、唇周围及颏部为白色；尾和四肢同背色；背脊和尾背冬毛色浅而具光泽，夏毛呈暗褐色。

分布范围：分布于临安全境。主要栖息于平原、丘陵和山区，喜居于沟谷山坡、沼泽草地、水网地区等处。

保护价值：黄鼬作为鼠类的天敌，对农、林有益。

147. 水獭 | *Lutra lutra* Linnaeus
食肉目 鼬科

别　　名： 水狗、水猫子、水狗、鱼猫子

保护级别： 国家 Ⅱ 级重点保护野生动物

形态特征： 水獭为半水栖兽类。体重约 4~8kg，体长约 50~80cm，尾长约 30~50cm。身体细长呈半圆形，头部扁稍宽，吻短不突出，眼小，耳小而圆。鼻孔和耳道生有小圆瓣，潜水时能关闭。上唇嘴角处有长而发达的硬须，吻端硬须短而稀疏，下颚中央有数根硬须。四肢短圆，前后各 5 趾，趾间有蹼，趾端具侧扁的爪。尾基粗末端渐细，长度超过体长之半。头骨宽扁，背面平坦。吻短而粗，鼻骨短。体毛短而致密，具光泽。体背和尾背均为栗褐色，油亮光泽；头部色较淡，上唇白色，鼻垫黑褐色，颊部白色；腹部色较淡，喉、胸、腹色白而带浅褐；四肢外侧暗褐色，内侧白色沾褐。

分布范围： 分布于中苕溪、天目溪、昌化溪等水域。常活动于江河、湖叉、溪流、水库附近，喜在水流缓慢、清澈而鱼类较多的水域中。

保护价值： 列入《濒危野生动植物种国际贸易公约（CITES）》附录 Ⅰ，国际间严禁进出口贸易。

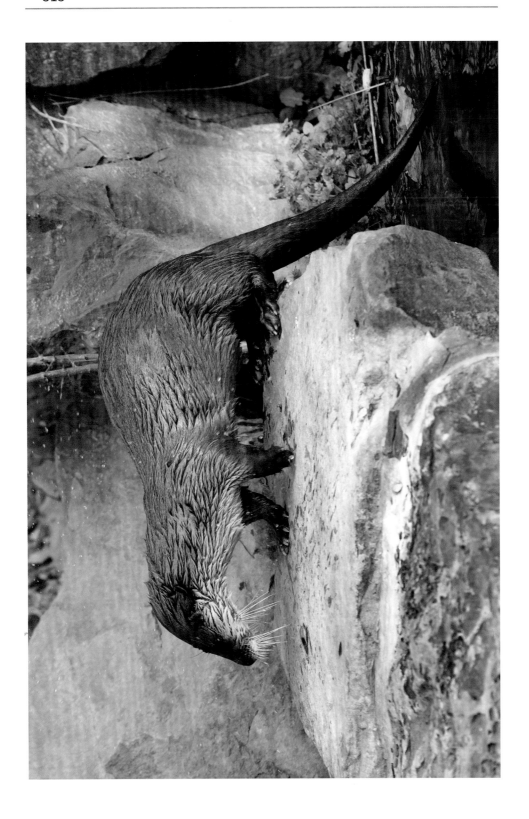

148. 大灵猫 │ *Viverra zibetha* Linnaeus
食肉目 灵猫科

别　　名：九江狸、九节狸、麝香狸

保护级别：国家 II 级重点保护野生动物

形态特征：大灵猫体长 70~80 cm，体重 6~12kg。头微尖，吻部略尖，额部较宽。尾长超过体长，并具有黑白相间的闭锁色环。四肢短，后肢长于前肢，各具 5 趾，爪为半伸缩性。雌雄兽肛门下方会阴部生有 1 个芳香腺，其分泌物称灵猫香。体色黑，眼周、额有灰白色小麻斑；耳基纯黑，耳背逐渐变褐；耳下后方、颈侧、喉部有 3 条黑白相间的半月形领纹；背脊有 1 条由黑色粗毛形成的背鬣，一般终止于第 1 或第 3 黑尾环；体侧有不甚规则的黑褐或棕色斑纹；腹面淡白或灰黄色；四肢黑褐色；尾有 5 或 6 个黑白相间的色环。

分布范围：分布于清凉峰、天目山等地。栖息在阔叶林的林缘灌丛、草丛地带，多以崖洞、土穴、树洞等作为隐蔽和栖息场所。

保护价值：具有重要的科研价值。

149. 小灵猫 | *Viverricula indica* Desmarest
食肉目 灵猫科

别　　名： 香狸（猫）、笔猫、七节狸、乌脚猫、箭猫

保护级别： 国家 II 级重点保护野生动物

形态特征： 小灵猫大小似家猫，体纤细，长 38~52cm，重 2~5kg。吻长而突出，额部狭窄，耳短圆。尾长约为体长的 2/3。雌雄会阴部均有能的囊状香腺。四肢粗壮，后肢略长于前肢。足具 5 趾。肛门两侧有臭腺。通体毛色灰棕、乳黄或赭黄色；头额、两颊灰棕色；眼眶前和耳后暗棕色；上下颌前部白色，上颌具有粗而硬的白色和黑色须；自耳后沿颈背到肩部有 2 条黑褐色颈纹，从后背到尾基部有 3~5 条暗色背纹，中间 3 条清晰，外侧背纹时断时续；背无鬃毛，体侧具暗斑；腋下、前胸暗褐色；腹部黄灰或灰白色；前后足背面黑褐色；尾具 6~7 个暗褐环。

分布范围： 分布于清凉峰、天目山等地。栖息于丘陵、山区的灌木丛中，活动于林缘、灌丛以及耕地。

保护价值： 小灵猫喜食老鼠，对农林业有益。

150. 果子狸 | *Paguma larvata* Hamilton–Smith
食肉目 灵猫科

别　　名：花面狸、白鼻狗、青猺、香狸

保护级别：浙江省重点保护野生动物

形态特征：果子狸体重 6~12 kg，体长 50~65 cm。吻部短而粗。四肢粗短，各具 5 趾，爪具伸缩性。尾长而不卷曲。体毛浓密而柔软，全身既无斑点也无纵纹，尾无色环；自鼻后经颜面中央、额顶到颈背有 1 条纵向白纹，眼后及眼下各具小块白斑，两耳基部到颈侧各有 1 条白纹；自背部到颈背近似黑色的暗褐色，腹部浅灰白色；体背的两侧和四肢上部暗棕色；四肢下部和尾端色黑，尾上部同体色。

分布范围：分布于清凉峰、天目山、太湖源、留尖山等地。多栖息于山川、河谷、丘陵的林中和灌丛中。

保护价值：具有重要的科研价值。

151. 食蟹獴 | *Herpestes urva* Hodgson
食肉目 獴科

别　　名： 石獾、山獾、螺狮猫、獴哥、白猸

保护级别： 浙江省重点保护野生动物

形态特征： 食蟹獴体型粗壮，四肢短小，体重 1.8kg 左右，体长 45cm 左右，尾长为体长的 2/3。吻尖长，耳较小，颈短粗。尾基粗大，向后逐渐变细，呈三角形，被毛长且粗硬，肛门处具臭腺。四肢短矮，各具 5 趾，趾间有蹼。全身呈灰棕色，并杂有黑毛。吻部和眼周淡栗色，从口角向后延伸到肩部有 1 道白纹；背毛基部淡褐色，毛尖灰白色；下颏白色，腹部深灰褐色；四肢和足黑褐色；尾和体色相同，唯尾背的后半部略带棕黄色，尾毛蓬松。

分布范围： 分布于天目溪、昌化溪等水域。栖息于沟谷和溪水边的茂密丛林里。

保护价值： 食蟹獴能取食鼠类，有益于农林业。

152. 豹猫 | *Prionailurus bengalensis* Kerr
食肉目 猫科

别　　名：狸猫、拖鸡豹、狸子、野猫

保护级别：浙江省重点保护野生动物

形态特征：豹猫属猫类中的小型种类，形似家猫，但略大一些，体重 2~3kg，体长 45~65cm，尾长 22~33cm，尾长均为体长之半。吻短而宽，颧弓宽大。通体浅棕色，遍布棕黑色斑点，呈中空的圈状，类似豹纹；头部两侧有 2 条黑纹，眼睛内侧有 2 条纵长白斑，耳背中部均具有白色斑点；自头顶到肩部有 4 条黑色纵纹，中间 2 条断续向后伸延到尾基部；颈部和两侧有数行不规则黑斑；腰部、臀部和四肢下部均有黑斑点；颏下、胸、腹部和四肢内侧均呈白色，并具棕黑色斑点；尾和体色相同，并有黑色半环。

分布范围：分布于清凉峰、天目山等地。栖息于山地林区和灌丛，偶见开阔地带，靠近水源独居或雌雄同栖。

保护价值：列入《濒危野生动植物种国际贸易公约（CITES）》附录Ⅱ，国际间限制进出口贸易。

153. 金猫 | *Catopuma temmincki* Vigors & Horsfield
| 食肉目 猫科

别　　　名：原猫、红春豹、芝麻豹

保护级别：国家 II 级重点保护野生动物

形态特征：金猫体型较豹猫大，体重 7~8kg。体长 70~95cm，尾长 40~50cm，尾长超过体长之半。颜面部短宽，耳短宽，直立头顶两侧，眼大而圆，颈粗短，身体粗长强健。前肢 5 指，后肢 4 趾，具弯曲利爪，爪能伸缩。体色变化很大，由亮红色到灰棕色、暗灰褐色。面部斑纹颇为一致，具 1 条两侧棕黑色的白纹。颈背处均呈红棕色光泽，背中线处毛色深或具纵纹。耳背面皆为黑色，耳基部周围灰黑色混杂。颈侧、体侧及四肢毛色较淡而呈黄棕色。尾上面红棕色，侧面及腹面浅白色，末端白色。

分布范围：分布于清凉峰、天目山等地。常栖息于湿润常绿阔叶林、混合常绿山地林和干燥落叶林当中。

保护价值：有较高的学术研究价值。列入《濒危野生动植物种国际贸易公约（CITES）》附录 I ，国际间严禁进出口贸易。

154. 云豹 | *Neofelis nebulosa* Griffith
食肉目　猫科

别　　名： 乌云豹、龟纹豹、云虎、猫豹、石虎

保护级别： 国家 I 级重点保护野生动物

形态特征： 云豹躯体细长，尾粗长，体重 15~20kg，体长 100~110cm，尾长 80~95cm，雌雄体型差异大。大脑狭长，鼻骨宽，头小耳圆。四肢较短。被毛蓬松，全身灰黄或黄色，耳背黑色，头上和眼周有黑色环；眼后有为 2 条黑纹，额顶具黑色小斑点；颈背有 4 条黑纹，中间 2 条短，外侧 2 条粗断续延伸到尾基部；从体侧到臀部均具云状斑，边缘黑色，中间灰黄；下颌、腹部和四肢内侧色黄白，其上也有稀疏黑斑；四肢灰黄色，亦具黑斑；尾同背色，具数个黑环，尾尖黑色。

分布范围： 分布于清凉峰、天目山等地。栖居于山地常绿丛林中，系典型的林栖动物。

保护价值： 列入《濒危野生动植物种国际贸易公约 (CITES)》附录 I，国际间严禁进出口贸易。

155. 金钱豹 | *Panthera pardus* Linnaeus
食肉目 猫科

别　　名：银钱豹、文豹、大猫

保护级别：国家Ⅰ级重点保护野生动物

形态特征：金钱豹外形似虎，但体型小一些，成年金钱豹体长100~150cm，肩高65~75cm，尾长75~85cm，超过体长之半。头圆，颈短，耳短。吻较短，鼻骨较长。肢粗短强壮，前肢较后肢粗大。前足5指，后足4趾，爪锐利可伸缩。毛色随季节略有变化，夏毛色较深，呈金黄色，冬毛色较浅，为黄色；通体黑色斑点或黑环，似古代铜钱，故名"金钱豹"。头部黑斑成行，眼部有一浅痕迹；耳背黑色，尖端黄色；背部色深，在背部和两侧具有不完全的黑斑，头部和四肢均具有黑斑点；颈下、腹部和四肢内侧色白，黑斑亦少；尾基上半部橙黄色，其上亦具有黑斑，尾的后半部和腹面为白色，似有模糊不明的黑环，尾尖黑色。

分布范围：分布于清凉峰、天目山等地。栖息于山区丘陵的树林中，巢穴多营于树丛、大树洞或悬崖石洞中。

保护价值：列入《濒危野生动植物种国际贸易公约（CITES）》附录Ⅰ，国际间严禁贸易。

156. 毛冠鹿 | *Elaphodus cephalophus* Milne-Edwards
偶蹄目 鹿科

别　　名：青麂、黑麂、青鹿

保护级别：浙江省重点保护野生动物

形态特征：毛冠鹿属小型鹿类，体长在100cm以下。额部、头顶有一簇马蹄状的黑色长毛，长约5cm，故称毛冠鹿。雄兽具角，不分叉，角尖微向后弯，几乎隐于额部的长毛中。眶下腺特别显著，耳廓圆被厚毛。雄性上犬齿长大，向下弯，呈獠牙状，露出唇外。四肢纤细，尾较短。通体毛色暗褐近黑色；颊部、眼下、嘴边色较浅，混杂有苍灰色毛，耳尖及耳内缘近白色；头与颈部被毛近尖端处有一白色环；体背直至臀部均为褐黑色；腹部、鼠蹊部及尾下部为白色。前后肢黑褐色，尾背面黑色。

分布范围：分布于清凉峰、天目山等地。主要栖息于丘陵山地，一般活动在海拔300~800m的林区，尤喜阔叶林、混交林、灌丛、采伐迹地及河谷灌林等生境。

保护价值：具有重要的科研价值。

157. 黑麂 | *Muntiacus crinifrons* Sclater
偶蹄目 鹿科

别　　名：乌獐、乌金

保护级别：国家Ⅰ级重点保护野生动物

形态特征：黑麂体型可达100cm以上。雄性有角，但角比小麂短，长度约6.5cm。额顶上有长的簇状刚毛，毛色鲜棕，该毛长4.5~5.0cm。额腺位于两眼之间，为一短毛区，长棱形，其前端稍靠拢。眶下腺明显，耳短稍圆。尾较长。通体棕褐色，前部偏棕，后部近黑；吻及眼间为棕色，有褐色斑点；眼间、前额到耳部每侧各有1条深褐色暗纹。颈、肩部暗棕，体背及后部暗褐，臀和四肢近黑；腹部色稍淡，后肢内侧、鼠蹊部为黄白色；尾腹为白色，尾背同体色。

分布范围：分布于天目山、清凉峰等地。多栖息于丘陵山地密林中，包括阔叶林、混交林和灌丛深处。

保护价值：黑麂为我国特产动物，具有重要的研究价值。列入《濒危野生动植物种国际贸易公约（CITES）》附录Ⅰ，国际间严禁进出口贸易。

158. 华南梅花鹿 | *Cervus nippon kopschi* (Gervais)
偶蹄目 鹿科

别　　名：花鹿、茸鹿

保护级别：国家Ⅰ级重点保护野生动物

形态特征：华南梅花鹿体型中等，躯干匀称，颈部细长，耳直立，能转动。体长一般在 140~150cm。鼻骨长，泪窝明显。四肢细长，尾较短小，髁关节外侧下方有跗腺，主蹄狭尖，侧蹄小。雄性有角，角分四叉，眉叉（第1枝）斜伸向前，第2枝高位分叉，主干末端再分出第3枝和顶枝。背中线自耳基到尾端有1条明显的黑线，背脊两旁到体侧有显著的白色斑点排列成纵行，其余斑点自然散布；鼻、额部色深，耳背灰棕，耳内白色；臀斑白色，尾背黑褐而腹面白；体腹部淡黄色。夏毛短、稀疏，全身栗棕色，白斑不明显；冬毛长、浓密，栗棕色，白斑不明显，背中线深褐色。

分布范围：分布于临安西部清凉峰山区，近年来在天目山区亦有发现。栖息在海拔 800~1 500m 的山地阔叶林、混交林、灌丛、高山平原草地等处，尤喜林缘、草甸、山崖、溪流的生境。

保护价值：列入《濒危野生动植物种国际贸易公约（CITES）》附录Ⅱ，国际间限制进出口贸易。

159. 中华斑羚 | *Naemorhedus griseus* Milne-Edwards
食肉目 牛科

别　　名：青羊、山羊、岩羊、灰包羊、灰灰羊

保护级别：国家Ⅱ级重点保护野生动物

形态特征：中华斑羚体型小如山羊，体重30kg左右，体长约100cm以上。吻鼻部裸露，眶下腺仅有1块裸露的皮肤。雌雄都有角，短而直，两角基部相距很近，近角尖处略向下弯曲。颈背有较短的鬃毛，无长鬣毛，尾较短，毛蓬松。通体青灰色，被毛较粗硬；吻淡白色，额、颌及喉部呈棕褐；耳背棕灰，耳内白色；下喉有一块白色大斑；四肢淡褐色，尾末端棕黑。

分布范围：分布于清凉峰、天目山等地。栖息于较高的山林中，多在林缘岩石上活动，冬季下低山林中觅食。

保护价值：列入《濒危野生动植物种国际贸易公约（CITES）》附录Ⅰ，国际间严禁进出口贸易。

160. 中华鬣羚 | *Capricornis milneedwardsii* David
食肉目 牛科

别　　名：苏门羚、野山羊、明鬃羊、四不像、山骡子、山牛

保护级别：国家Ⅱ级重点保护野生动物

形态特征：中华鬣羚体型中等，体长可达 130~140cm 以上。头形显长，耳狭长似鹿。尾短，其长度不及后足长之半。吻端裸露，具眶下腺，并长着直立的长毛。泪窝大而深，和鹿类相似，但泪骨较鹿类为大。颈背有长的鬣毛，披向肩部，故称鬣羚。雌雄均有角，角短而尖，由额骨直接向后伸出，尖端略向下弯，除角尖表面光滑外，其余部分有许多环状横棱。通体被毛稀疏而粗硬，绒毛淡白色；上下唇几乎白色，耳背黑棕，耳内白色，吻部浅黄带白尖；鬣毛前部棕黑，后部白色占优势，至颈背为全白或黑白相混；体毛黑色略带褐色，腹部黑褐色；四肢腿部毛棕灰色，下部棕黄；尾毛黑色。体毛随季节、年龄的变化而略有差异，夏毛一般较冬毛色深，幼兽较成兽色暗。

分布范围：分布于清凉峰、天目山等地。栖息于低山丘陵到高山岩壁，常活动于林缘、灌丛、针叶林及混交林中。

保护价值：列入《濒危野生动植物种国际贸易公约（CITES）》列入附录Ⅰ，国际间严禁进出口贸易。

161. 猪尾鼠 | *Typhlomys cinereus* (Milne-Edwards) 啮齿目 刺山鼠科

别　　名：刺山鼠、老鼠

保护级别：浙江省重点保护野生动物

形态特征：猪尾鼠属小型鼠，体重 19g 左右，体长 6~9cm，尾长约为体长的 1.5 倍。眼极小，耳大而薄，具短毛。鼻骨较长，颧较宽。尾毛细长，尾根部 2/3 处裸露，后 1/3 处为逐渐伸长的细毛，形成毛束，状如毛刷，形似猪尾，故称猪尾鼠。前肢拇指退化成一结节，后肢拇趾隐约可见。通体被细密暗色绒毛，由软毛和较长的针毛组成，无刺毛；头部、背部均为带光泽的褐灰色；背腹毛色有明显界限；腹面自下颏至肛门皆为浅灰色；四肢灰白色，前后肢背面均为黑灰色；尾暗棕色，端部白色。

分布范围：天目山。主要栖息于潮湿的溪流旁的石隙中，从海拔 340m 到 1 500m 均有分布，但以 600m 一带最多。

保护价值：猪尾鼠所在科是我国东洋界兽类 3 个特有科之一，形态特殊，具有学术上的研究价值。

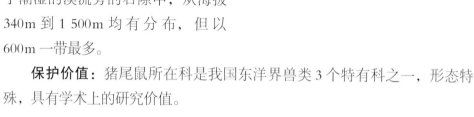

162. 中国豪猪 | *Hystrix hodgsoni* (Gray)
啮齿目　豪猪科

别　　名：刺、箭猪、响铃猪、山猪

保护级别：浙江省重点保护野生动物

形态特征：中国豪猪属大型啮齿类，体粗大，体重一般10kg左右，体长70cm左右。头粗壮，鼻骨和额骨宽大。身被长硬的棘刺，臀部更为密集粗大，棘刺呈纺锤形而中空。四肢和腹面的棘刺短而软。尾短，隐于硬刺之中，长约9cm。棘刺之下有稀疏的白长毛。全身棕褐色，末端白色的细长刺在额部到颈背部中央形成1条白色纵纹，并在两肩至颏下形成半圆形白环；中部1/3为淡褐色，其余为白色。

分布范围：广布于山地林区。栖息于林木茂盛之处，尤喜靠近农作物的山地草坡或浓密的林灌。

保护价值：具有重要的科研价值。

参考文献

鲍毅新，诸葛阳 . 1984. 天目山自然保护区啮齿类的研究［J］. 兽类学报，4（3）：197-205.

濒危物种进出口管理办公室 . 国家濒官办 2016 年第 6 号公告 . [2016-12-29]. http：//www.forestry.gov.cn/portal/bwwz/s/2790/content-934315.html

蔡锦文 . 2003. 猫头鹰图鉴［M］. 台北：猫头鹰出版社 .

曾小飚 . 2013. 广西两栖动物区系最新统计分析［J］. 广东农业科学，（2）：153-158

陈静，王玉军，武丙琳等 . 2012. 清凉峰旅游区鸟类多样性及季节变动［J］. 南京林业大学学报（自然科学版），36（3）：37-42.

陈水华，童彩亮 . 2012. 清凉峰动物［M］. 杭州：浙江大学出版社 .

陈卫，高武，傅必谦 . 2002. 北京兽类志［M］. 北京：北京出版社 .

陈友玲，张秋金，杨青 . 2009. 福建哺乳动物区系研究［J］. 福建林业科技，36（2）：23-31.

代雪玲，董治宝，谢建平 . 2014. 敦煌阳关国家级自然保护区生物多样性及保护对策分析［J］. 中国人口 . 资源与环境，24（5）：389-392.

丁平，陈水华，鲍毅新，等 . 2008. 杭州市陆生野生动物资源［J］. 中国城市林业，6（4）：62-65

丁平，方震凡，陈水华 . 2012. 千岛湖鸟类［M］. 北京：高等教育出版社 .

郭东生，张正旺 . 2015. 中国鸟类生态大图鉴［M］. 重庆：重庆大学出版社 .

国家林业局 . 国家重点保护野生动物名录［EB/OL］. 20170315[20170705]. http://www.forestry.gov.cn/main/3951/content-956751.html.

国家林业局濒危物种进出口管理办公室 . 《濒危野生动植物种国际贸易公约》

第十七届缔约方大会附录 [EB/OL]. 20161229 [20170705] . http:// bwwz. forestry. gov.cn /portal/bwwz/s/2984/content−934320.html.

杭州市规划局 . 2018. 杭州市第一次地理国情普查公报［R］. 02.

黄美华 . 1990. 浙江动物志（两栖类　爬行类）［M］. 杭州：浙江科学技术出版社 .

贾月，陆秋燕，鲁庆彬 . 2010. 浙江青山湖鸟类及其季节变化［J］. 浙江林学院学报 . 27（2）：278−286.

蒋志刚，江建平，王跃招，等 . 2016. 中国脊椎动物红色名录［J］. 生物多样性，24（5）：500−551.

蒋志刚，刘少英，吴毅，等 . 2017. 中国哺乳动物多样性（第2版）［J］. 生物多样性，25（8）：886−895.

蒋志刚，马克平，韩兴国 . 1999. 保护生物学［M］. 杭州：浙江科学技术出版社 .

康熙民 . 2008. 杭州野鸟［M］. 杭州：杭州出版社 .

雷富民，卢汰春 . 2006. 中国鸟类特有种［M］. 北京：科学出版社 .

罗蓉 . 1993. 贵州兽类志［M］. 贵阳：贵州科技出版社 .

马克平 . 2012. 2011年中国生物多样性研究进展简要回顾［J］. 生物多样性，20（1）：1−2.

欧阳志云，郑华，岳平 . 2013. 建立我国生态补偿机制的思路与措施［J］. 生态学报，33（3）：686−692.

曲利明，张正旺 . 2013. 中国鸟类图鉴（上、中、下）［M］. 福州：海峡书局 .

宋朝枢 . 1997. 浙江清凉峰自然保护区科学考察集［M］. 北京：中国林业出版社 .

宋晔，闻丞 . 2016. 中国鸟类图鉴（猛禽版）［M］. 福州：海峡书局 .

童雪松 . 1993. 浙江蝶类志［M］. 浙江：浙江科学技术出版社 .

涂飞云，韩卫杰，孙志勇，等 . 2015. 江西两栖爬行动物物种多样性［J］. 江西科学，33（4）：495−503.

汪松 . 1998. 中国濒危动物红皮书兽类［M］. 北京：科学出版社 .

王岐山 . 1990. 安徽兽类志［M］. 合肥：安徽科学技术出版社 .

王香亭 . 1991. 甘肃脊椎动物志［M］. 兰州：甘肃科学技术出版社 .

王义平，陈建新．2017. 浙江青山湖国家森林公园动植物资源多样性［M］．北京：中国林业出版社．

王玉军．2005. 杭州野生动物图鉴［M］．杭州：浙江大学出版社．

郤富熠．2017. 野生动植物资源现状调查与保护对策思考［J］．中国资源综合利用，135（2）：78-79.

萧木吉，李政霖．2014. 台湾野鸟手绘图鉴［Z］．台北：台北市野鸟学会．

萧庆亮．2001. 台湾赏鹰图鉴［M］．台北：晨星出版．

谢少和．2000. 福建将石自然保护区冬季鸟类多样性分析［J］．福建林业科技，27（3）：46-51.

薛达元，蒋明康．1995. 中国生物多样性的就地保护——生物多样性研究进展［M］．北京：中国科学技术出版社，52-57.

杨逢春．1992. 天目山自然保护区自然资源综合考察报告［M］．杭州：浙江科学技术出版社．

虞快，唐子明，唐子英．1983. 浙江鸟类之研究［J］．上海师范学院学报，（1）：49-70.

约翰·马敬能，卡伦·菲利普斯，何芬奇．2000. 中国鸟类野外手册［M］．长沙：湖南教育出版社．

张荣祖．1997. 中国哺乳动物分布［M］．北京：中国林业出版社．

张荣祖．2018. 中国动物地理［M］．北京：科学出版社．

章叔岩，郭瑞，程樟峰，等．2015. 浙江省鸟类新纪录——日本领角鸮［J］．四川动物，34（6）：851.

赵明水．2005. 金钱豹饮水天目山［M］．浙江林业，39.

赵正阶．2001. 中国鸟类志（上、下）［M］．长春：吉林科学技术出版社．

浙江省林业局．2002. 浙江林业自然资源（野生动物卷）［M］．北京：中国农业科学技术出版社．

浙江省林业厅．浙江省重点保护陆生野生动物名录.[EB/OL]. 20160302[20170705] http://www.zjly.gov.cn/art/2016/3/2/art_1275955_4716029.html.

郑光美．2011. 中国鸟类分类与分布名录（第二版）［M］．北京：科学出版社．

郑光美 . 2017. 中国鸟类分类与分布名录（第三版）［M］. 北京：科学出版社 .

郑乐怡，归鸿 . 2000. 昆虫分类学（上下册）［M］. 南京：南京师范大学出版社 .

周尧 . 1998. 中国蝶类分类与鉴定［M］. 郑州：河南科学技术出版社 .

周尧 . 1999. 中国蝶类志［M］. 郑州：河南科学技术出版社 .

朱曦，陈勤娟，詹伟君，等 . 2002. 杭州市鸟类区系研究［J］. 浙江林学院学报，19（1）：36－47.

朱曦，姜海良，吕燕春 . 2008. 华东鸟类物种和亚种分类名录与分布［M］. 北京：科学出版社 .

朱曦，任斐，邵生富，等 . 1999. 华东天目山区鸟类研究［J］. 林业科学，35（5）：77－86.

朱曦 . 1985. 浙江临安城郊冬季鸟类的种类组成与生态分布［J］. 浙江林学院学报，2（2）：57－63.

朱曦 . 1988. 浙江鸟类研究［J］. 浙江林学院学报，5（3）：243－258.

朱曦 . 1989. 秃鹫在浙江省的新分布［J］. 浙江林学院学报，6（1）：49.

朱曦 . 1989. 浙江鹤类新纪录［J］. 动物学杂志，24（3）：26.

诸葛阳，顾辉清 . 1989. 浙江动物志（兽类）［M］. 杭州：浙江科学技术出版社 .

诸葛阳 . 1990. 浙江动物志（鸟类）［M］. 杭州：浙江科学技术出版社 .

Andrew T. Smith，解焱 . 2009. 中国兽类野外手册［M］. 长沙：湖南教育出版社 .

CHEN，Shuihua，Qin HUANG，Zhongyong FAN. 2012. The update of Zhejiang bird checklist［J］. *Chinese Birds*，3（2）：118－136.

Corbet G B, Hill J E. 1991. A world list of mammalian species. London: Bri. Mus. (Nat. His.), 3rd.

IUCN. 2013. IUCN Red List of threatened species. Version 2013. 1. [DB/OL] [2013－07－16]. http:/ /www.iucnredlist.org.

Wilson D E, Reeder D M. 1993. Mammal species of the world. Washington & London: Smithsonian Institution Press (2nd. Ed.).

中文名称索引

拉丁学名索引